一兜糖APP

家 的 主 理 人 社 区

用爱与设计构筑有温度的家

适合国人的装修设计灵感

一兜糖 编著

江苏凤凰科学技术出版社 · 南京

图书在版编目（CIP）数据

有温度的家 ：适合国人的装修设计灵感 ／ 一兜糖编
著． —— 南京 ：江苏凤凰科学技术出版社，2022.4（2022.7重印）
ISBN 978-7-5713-2833-7

Ⅰ．①有… Ⅱ．①一… Ⅲ．①住宅－室内装饰设计－
图集 Ⅳ．①TU238.2-64

中国版本图书馆CIP数据核字(2022)第044206号

有温度的家　适合国人的装修设计灵感

编　　著	一兜糖	
项 目 策 划	凤凰空间／庞　冬	
责 任 编 辑	赵　研　刘屹立	
特 约 编 辑	庞　冬	

出 版 发 行	江苏凤凰科学技术出版社
出 版 社 地 址	南京市湖南路1号A楼，邮编：210009
出 版 社 网 址	http：//www.pspress.cn
总 经 销	天津凤凰空间文化传媒有限公司
总 经 销 网 址	http：//www.ifengspace.cn
印　　刷	天津图文方嘉印刷有限公司

开　　本	710 mm×1000 mm　1／16
印　　张	13.5
字　　数	172 800
版　　次	2022年4月第1版
印　　次	2022年7月第2次印刷

标 准 书 号	ISBN　978-7-5713-2833-7
定　　价	75.00元

序
Preface

从"恋爱社区"到"家居装修生活"平台，再到"家的主理人"社区，一兜糖 App 已经走过了 12 年，陪伴 3000 万用户踏上从有房到有家的美好旅程。不知不觉，"有温度的家"年度评选已举办了 4 届，在一兜糖 App 内也积累了海量的家装内容。

这些年出现了不少非常用心装修的家，这些家经过大浪淘沙依然备受欢迎，我们反复品味仍然赞叹不已，用心装修的家如同细致打磨的作品，即使在互联网时代也相当有生命力。最近一年，我们面临一个问题：是否有必要把这些家都整理出来做成一本书？在一家互联网公司提出这个提议时，总有人会持怀疑的态度，觉得互联网的"快"与出版业的"慢"不相容。但我们仍相信出版的力量，它不受限于流量、热度，一本好书更能经得起时间的洗礼，将好内容传播得更久远。经过 12 年的内容积累，是时候将其整理成一本书了。

找灵感是包括我在内的大部分装修人要走的第一步。几年前，我和家人搬进了现在居住的家，当年轻奢风正当道，我们也顺势而为，按流行审美装修了一番。几年下来，孩子长大了，需要更适合学习的氛围；第二个孩子降临，需要更多的活动空间……这个当初花费不菲且光鲜亮丽的家，突然显得局促起来，才入住几年的我们就面临着必须重新装修的窘境。

我也问过自己：第一次装修是哪里没做好？后来我想明白了，因为装修不只是装修，它更是生活规划的具象化，家是承载家庭日常生活的容器。如果不理解生活，我们很难装修出一套好房子。因此我们希望将一兜糖 App 里完美平衡了生活和装修的家拿出来，展现出我们认为经得起时间考验的装修灵感。毕竟我们也是在看这些案例的过程中，才逐步理解如何根据自己的生活需求去布置一个家。

在遴选案例作品时，一兜糖 App 的编辑团队定下了四个原则：细节感、生活感、经得起时间考验和高于普通 0.5。"细节感"是指图片细节，我们希望书中的每一张图都有足够丰富的信息，让读者可以一而再、再而三地翻开这本书，并且次次都有收获。"生活感"是指案例并非冰冷的样板房，而是真正考虑居住者需求的家，即使再先锋的设计理念，也要服务于生活。"经得起时间考验"无须赘言。"高于普通 0.5"比较难理解，其实是一兜糖一直秉持的原则：好的设计不代表距离感。我们希望这本书中汇集的家是寻常老百姓向往的，且踮起脚尖就能够得着，读者可以从中借鉴可取之处，让自己的生活也变得更加美好。

第一次编撰书籍，我们自然希望能将这本书打磨得像艺术品一般完美。现在我们可以自豪地说，这本书里没有废话，读者看到的内容都是居住者和设计师智慧的结晶。例如居住者猪扑啦，她家位于半山腰，客厅有一扇巨大的落地窗，可以一眼望尽青岛的城市景色；她家的客厅照片在很多家居平台上都获赞上万，但是鲜有人关注到她家窗帘的高度是如何对客厅的空间感产生影响，也少有人关心这样大的落地窗如何通风。我们特别将这些关键设计点提炼出来，希望读者获得真实可用的参考。

一些人的家虽备受关注，但是其本人却十分低调，不喜欢在社交网络上晒自己的生活。为了使读者更加了解每个家的设计，我们也尽力采访居住者本人，并将内容整理成背景文字，帮助读者来理解。因为他们的所思所想才是打开一个家装修风格的钥匙，否则在我们外人看来，风格就是风格，功能就是功能，极易产生割裂。

在整理过程中，最让我们头疼的还是书籍本身的呈现形式和篇幅的限制，既想让每一页都有丰富可读的内容，又不能把这些家打散得七零八落，编辑团队和设计团队为如何更好地呈现每一个家进行了反复揣摩、争论和修改。好在功夫不负有心人，本书现在的样子确实是我们认为最易读，读者看后最有收获的样子。

从 0 到 1 做出这本书，感谢一兜糖 App 的编辑、设计团队的辛苦付出，也感谢凤凰空间的编辑团队。最感谢的还是一兜糖 App 的用户和设计师们，从他们第一次在一兜糖上分享家和设计，持续贡献打造理想家的智慧，再到无私地为千万"糖友们"答疑解惑，我们一起走过了一段难忘的旅程。如果没有用户和设计师们慷慨授权图片，多次配合采访，这本书不可能顺利诞生。正是这些无声的力量，让我们得以全情投入，并且越做越自信，坚信这本书一定能够成为带给大家可落地灵感的好书。

当然，阅读一本展现装修灵感的书只是装修的开始，我们希望这本书的温度能够传递到读者未来的家，让家变得有温度，让有温度的家给生活加点糖。

 徐红虎
一兜糖 App 创始人

一兜糖创作团队手记
—— Editors' Notes

海琪
（编著者）

　　深耕家居内容领域这六年，我们见证了许许多多的一兜糖 App 用户因为装修过上了更好的生活。不做饭的人发现了下厨的乐趣；粗枝大叶的人学会了收纳；原本平淡的家庭关系，因为客餐厨一体的开放空间而变得亲密……这些都是爱和设计的力量。我们坚信，有温度的家不比面积、不拼造价，能真正打动人心的是人屋合一的气质，是居住者每天用心生活的痕迹，是涓涓细流的日常中饱含温情的爱。在本书里，我们精选了 17 个这样的家，愿你能感受到这份温度并有所启发。

灌篮
（编著者）

　　作为本书大部分图注内容的撰写者，想叮嘱各位：千万不要小看家装的每一个细节！窗帘是挂得与窗一样高还是与天花等高，可能会决定这个房间是"小气"还是"大气"；地板和家具用了不同种类的木材，竟然也能破坏家的"利落感"；如梦幻般完美的田园风格之家，藏着省钱省事的装修巧思……如果认真阅读这些细节，便能大大避免装修翻车的惨剧。总之，一切都"解剖"给各位了，希望书里的知识能对各位的装修之路有所助益。

彭七月
（编著者）

　　初见房子，惊叹设计之妙，接触主人后，才意识到人与空间是彼此成就的。撰写正文的过程，亦是感受多元生活方式的过程。有多少个有温度的家，就有多少种打动我的生活形态。带着从他们身上吸收来的"认真生活"的养分，我也开始逐渐扎根到生活中。希望这些用心生活的人和他们用心养成的家，能把你的目光从遥远喧闹的外界，拉回到一间间小小的屋子里，拉回到每一个生动的日常中。

罗航
（设计）

　　一本书的设计不仅仅是某个特定时刻看起来的样子，它关乎整本书的阅读体验。编排本书面临的最大考验，就是如何能在寥寥几页纸中更加完整地呈现每个丰富且多元的家。他们将房子打造成了属于自己的有温度的家，认真生活的态度让人敬佩。相信这些家的某个空间、某处角落的小心思，也能给你的装修带来有益的启发。家有多少种可能？这本书会告诉你答案。

江江
（设计）

　　我认为有温度的家是有花草、阳光、猫狗相伴的，能安置下我的心爱之物。在编排本书案例的过程中，我体会到打造一个理想的家要有面面俱到的设计思维。从空间规划、整体节能，到外观设计、建材挑选，再到家具定制、收纳储物……每一处都要精心布局。新颖实用的设计技巧、留白艺术、动线设计、悬浮家具、活用对角线、多用途空间……每一处都独具匠心。

East or west,
home is best.

谈起国人对于好家的畅想，大多集中在这三点：
窗明几净、南北通透、户型方正。
因此在房地产飞速发展的几十年间，
诞生了几款风靡全国的经典户型设计。

这些精心排布的户型虽然做到了最高性价比，
却仍不能满足亿万家庭各不相同的需求。
那些无处收纳的杂物、散落一地的玩具，
就是居住者们勉强适应房子的结果。

所幸越来越多的人在装修时意识到改变的必要，
一些家庭也迈进了让房子为人服务的阶段。

本书精选了 17 个一兜糖 App 上的热门案例，
居住者通过巧妙的装修设计，打造出完全符合自己生活习惯的家。
有的改造无玄关户型，创造出阻隔病毒的入户"防火墙"；
有的把所有的爱好都装进房子里，打造出刻着自己名字的家；
有的买下"老破小"学区房，却把三代人的需求照顾得妥妥帖帖……

生活有多少种，居住方式便有多少种。
这些在地产网站上户型评分为 6.0 分或 9.0 分的房子，
都因为居住者和设计师的居住智慧，而变成了 10 分。

希望这本书也能够帮助你，
不受限于户型、面积、造价……
打造出专属于自己的"有温度的家"。

一兜糖 App 创作团队

目录
Contents

⊙站在餐厅往外看去，青岛的城市景观尽收眼底。
昏黄的灯光、麻编的地毯，给家增添了温暖之感。

拥有迷人窗景，
能眺望整个青岛的家

居住者：猪扑啦

> 我希望家里每一天都是整洁、干净、舒心的，
> 家人可以找到让自己放松和自在的角落。
> 房子只是一个遮风挡雨的外壳，
> 而屋檐下的每一个日常才是生活真正的模样。

⊙ 将开发商的窗换成超大落地玻璃

无须担心封窗后不通风的问题，两侧的小窗才是通风主力。而且，猪扑啦在落地窗的一侧做了一扇玻璃门，虽然日常不会打开，但有需要的时候也可以打开来走到外部小露台，如此日常擦窗也不成问题。

与云海、树、书为伴的漂亮房子，
在极简与温柔中寻找平衡

猪扑啦的家在山上，作为山坡上叠拼别墅的上叠，全屋南向，室内两层。
凭借着优越的地势，这里可以俯瞰青岛城区，
超大窗户、自流平、宜家家具打造的简约风，是她家标志性的景观。

"北漂多年，却买不起北京的房子，怎么办？"猪扑啦给出的方案是，在距离北京5个小时高铁车程的青岛安家。

猪扑啦和家属都是北漂，一位是互联网设计师，一位是编辑，在北京工作生活多年，两人却是在青岛相识。几年前，两人认真考虑了结婚买房这件事。相较于北京，他俩把目光投向青岛。由于两人都是老城区爱好者，喜欢到在北京也租了一间老城区的屋子来做书房，因此在老城区附近买房就成了自然而然的选择。两人从老城区一路沿海岸线看到了这里，对这里的居住环境一见倾心。于是他们就在山上安家了，房子前面无遮挡，背后有靠山。

房子并不算宽，但窗户很多，仅第一层就有12扇窗，两层加起来有22扇。窗户能带来完美的景观享受，这是猪扑啦绝对不想浪费的。正对市区的客厅窗户，她克服困难换上了超大落地窗，全屋其他位置的窗户则做了统一的白色窗框。无论从哪个角度看，窗户都不会成为景色的阻碍。

猪扑啦家另一大特点就是有数个巨大的书架。家属爱好不多，唯爱看书。在北京的住处，地上、床上都堆满了书，不管去哪里出差，也只带书回来。因此电视墙首选做成了开放式书架，这也成了猪扑啦家另一标志性"景点"。理所应当地，客厅角落变成了读书角，楼上开放式书房也摆了两个高度几乎到天花板的书架。

家的落成，意味着两人有了自己的空间，家属可以放心地买更多的书回来；和父母的距离也拉近了不少，几乎全开放式的格局，原本是父母所不能接受的，如今父母偶尔来住一住竟也连连称赞。家，让每个人都有了舒适的空间，家人既可以互不打扰，又可以热气腾腾地围坐在一起。

客厅

**拥有梦幻大观景窗，
室内布置也极度舒适。**

Living room

❶ 在电视墙上定做满墙书柜

书柜采用开放式，为了方便作为编辑的丈夫取用书籍。布局上，减去电视机的尺寸后，平均分配每格的高度和宽度，深度做成 24 cm，足够放下大部分开本的图书，顶部放置较轻的书籍。

❷ 窗帘"顶天立地"更显温柔

窗帘轨道紧贴吊顶顶端安装，不仅显得层高更高，也让整个空间比例更加宽敞适宜。窗帘使用白色亚麻布料，能有效过滤刺眼的阳光。

❸ **全屋无主灯的照明设计营造出丰富的灯光层次感**

客厅顶部没有安装传统的水晶大吊灯，而是根据功能区域的位置布置射灯、筒灯。哪里需要就打开哪里的灯，使用起来十分便利。统一色温 3000 K 的光源，散发着温暖的光。

❹ **地面采用自流平，增强室内光感**

打磨光滑的自流平地面极简耐看，还能倒映天光和绿意。采用的工艺是"面层水泥自流平"，材料用的是汉高的。自流平对施工工艺要求较高，使用前务必谨慎考察。

厨房

**L 形厨房科学布局洗切煮，
中岛内藏大件家电。**

Kitchen

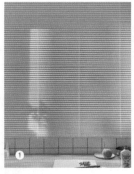
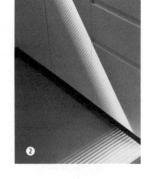

百叶帘：立川

❶❷ 百叶帘投下温柔整齐的光影

百叶帘采用卡扣式安装，按一下就可以取下来，拿到淋浴区冲洗、沥干再挂回来就可以。清洁起来很方便，很适合用在厨房。

❸ 洄游动线的厨房布局，开放又顺手

厨房为 L 形 + 中岛的组合，过道宽度分别为 80 cm 和 90 cm，两个出入口进出传菜都不会打架。

小贴士

厨房下方水槽收纳知多少？

猪扑啦家的水槽下方一共使用了四种收纳工具：伸缩杆、抽屉柜、分层置物架和收纳篮。科学合理的分区收纳让鸡肋空间也变得整齐有序，储物力大增。

柜体：本地定做
台面：杜邦可丽耐

柜门：宜家沃托普（亚光白）
台面：宜家宜伯肯（浅橡木）

❹ 当地定做的岛台变成家人的聚集地

中岛尺寸为 220 cm×90 cm×93 cm（长 × 宽 × 高），
开放式的设计让做饭的人不再孤独，家人平日也都喜欢坐
在中岛旁喝茶、看书。台面材质为可丽耐，没有任何接缝，
因此非常好打理，茶渍、污渍也不会渗进去，只要用擦擦
克林（一种清洁工具），就能崭新如初。

❺ 亲自组装的宜家橱柜，不仅好看，利用率也高

橱柜购买于青岛的宜家开业之前，猪扑啦在北京的门店下
单后，通过宜家的全国物流送到青岛，组装则要自己完成。
除了转角处和水槽外，统一使用抽屉，即使放在柜体底部
的东西也能轻松拿取，空间利用率十分高。

❻ 把洗衣机和洗碗机藏进中岛

无论是从玄关还是从客厅看不到生活感过强的设备，是
厨房保持美丽的秘密。

餐桌：宜家莫比恩
吊灯：宜家纽墨奈

智能窗帘：Aqara 智能窗帘机 B1 锂电池版

❶ 将 2 m 长的大餐桌变成工作区

餐厅布置了一张 2.2 m×1 m 的餐桌，偶尔用于家庭聚会，日常更多作为猪扑啦的工作桌。餐桌上方这两盏吊灯色温为 2700 K，建议吊在餐桌上方约 75 cm 处，更有助于灯光的聚集，以便让食物更诱人。

❷ 为了保护书籍而装上电动窗帘

设置了每天 7:00 开窗帘，下午 1:00 太阳光照进来的时候关窗帘，下午 5:00 太阳光不强烈了再开窗帘，最后晚上 8:30 关窗帘。这样就不用担心书籍被太阳光晒褪色了。

❸ 在书房摆上自己做的老书架

书架是猪扑啦用 8 年前从木材市场买回来的最便宜的松木，委托师傅截断后自己加工而成，花费不过几百元，却也结实好用。书架已陪伴他们搬过两次家了。

**❶❷❸❹ 用卧室的窗框住山中四季
的景致**

卧室两面开窗，包揽后山四季的景色。
没有采用一整面的落地窗，反而营造
出了如画框的感觉。窗户可以打开通
风，因为装了纱窗，所以不用担心蚊虫。

❺ 用亚麻窗帘营造绝美氛围，但也不乏遗憾

亚麻窗帘透光透人影，因此做了双层帘，这样既能保护隐私，又能保证室内拥有足够温柔的光线。遗憾的是窗帘杆没有打在天花上，缺少了如客厅一般顶天立地宽敞的感觉。

❻ 洁白无把手的衣柜将存在感降到最低

柜子顶天立地、容量超大，柜门内藏反弹器，衣柜无须拉手，轻轻一按即可开门。即使是满墙衣柜，也没有笨重的存在感，远看就像一面白墙。

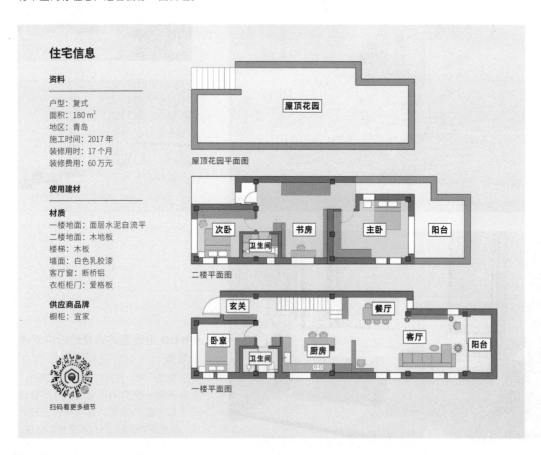

住宅信息

资料

户型：复式
面积：180 m²
地区：青岛
施工时间：2017 年
装修用时：17 个月
装修费用：60 万元

使用建材

材质
一楼地面：面层水泥自流平
二楼地面：木地板
楼梯：木板
墙面：白色乳胶漆
客厅窗：断桥铝
衣柜柜门：爱格板

供应商品牌
橱柜：宜家

扫码看更多细节

屋顶花园平面图
屋顶花园

次卧　书房　主卧　阳台
卫生间
二楼平面图

玄关　餐厅
卧室　客厅　阳台
卫生间　厨房
一楼平面图

9 个 窗 景 也 很 美 的 家

除了猪扑啦家，
这些人家的窗外也很迷人！

①	②	③
④	⑤	⑥
⑦	⑧	⑨

① 居住者：二掌柜本人
（杭州）

② 居住者：KETE
（北京）

③ 居住者：田田田饼
（上海）

④ 居住者：村唐
（广州）

⑤ 居住者：三石雅客
（益阳）

⑥ 居住者：鲸鱼 papa
（南京）

⑦ 居住者：阿 Jim 啊
（佛山）

⑧ 居住者：一坨大云
（纽约）

⑨ 居住者：sweet 安年
（杭州）

◎ 色温 4000 K 的全屋无主灯设计，一进门便能感受到温馨的氛围。

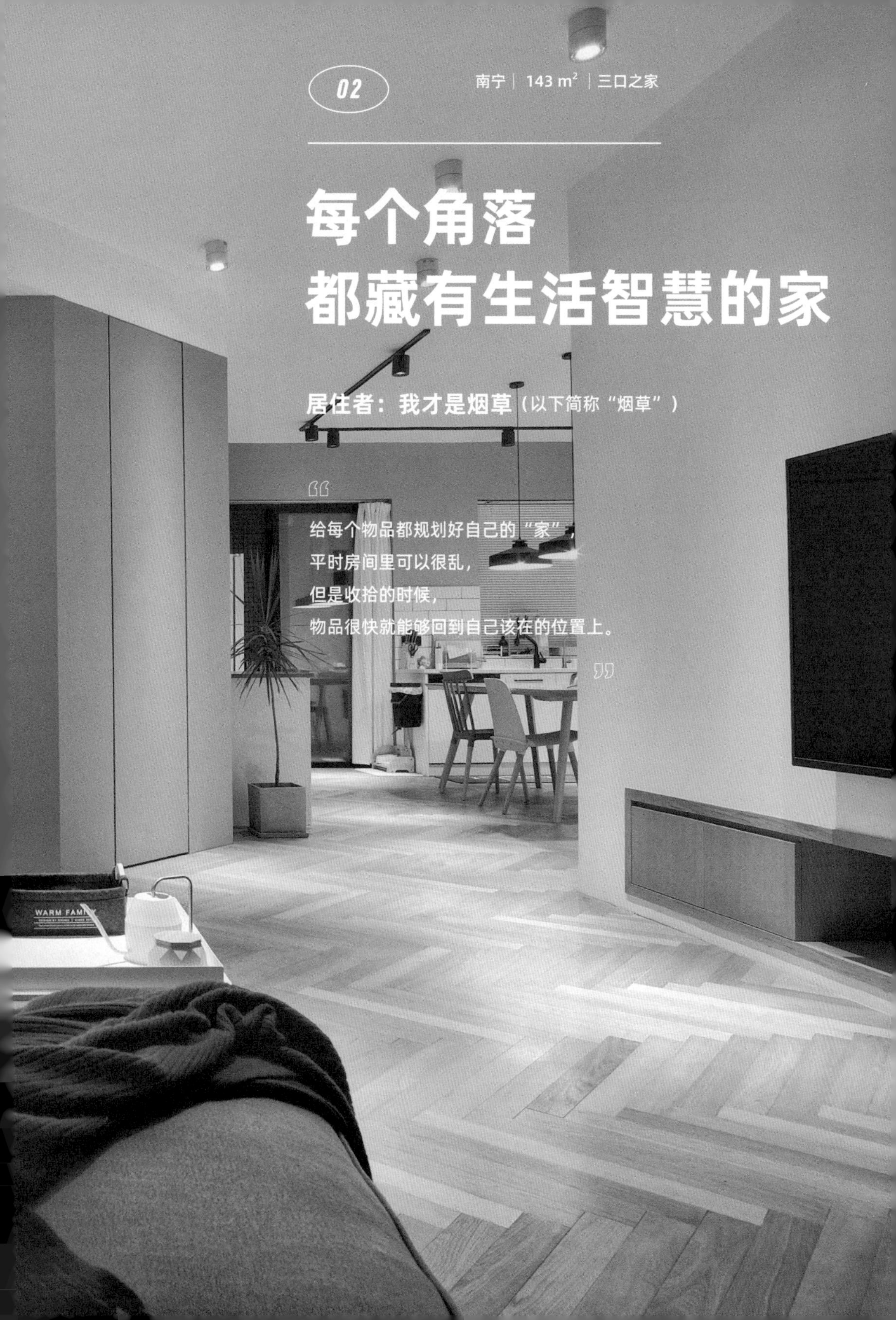

02

南宁｜143 m²｜三口之家

每个角落
都藏有生活智慧的家

居住者：我才是烟草（以下简称“烟草”）

“

给每个物品都规划好自己的“家”，
平时房间里可以很乱，
但是收拾的时候，
物品很快就能够回到自己该在的位置上。

”

用烟草将沙发背景墙刷成了深灰色，搭配柔软的皮沙发，北欧感十足。

住在山上的娃娃化妆师和画家，
以及他们充满实用性的家

烟草的家在半山腰，有着满眼绿色的工作区窗景，
有着自己的"娃娃小人国"，有着实用至上的装修秘籍，还有着志趣相投的爱人。

娃娃化妆师烟草，身为职业画家的家属阿呆，一只叫作雪碧的狗，还有新添的成员小年糕，一家共同生活在南宁。以前两个人住在市中心，后来职业变换，烟草成了一名娃娃化妆师，经常宅在家里一个月都不出门，两人商议搬到山里居住。

搬到山里后，房子大了许多，143 m² 的四居室，让两个人都有了独立的办公空间；同时也拥有了无敌山景，烟草每天工作的时候，抬头就能看到外面的风景。天气好的时候，窗外的云就像一团团棉花糖，傍晚时会变成粉色，起雾时房间就像在海上航行的游轮，雨后则可以在家近距离欣赏彩虹。

在这个家的装修过程中，很多细节处的设计都是烟草自己摸索的。因为不喜欢线条，所以她大胆地舍弃全屋踢脚线，拒绝门槛石、门套，将白色的墙面全部融为一体。

她喜欢极简风的设计，一眼爱上，但"越是极简的东西，工艺就越复杂，许多工人不愿动脑，只想按照常规做法做"，因此烟草亲自上阵，自己研究工艺。虽然可参考的现成经验很少，但她觉得，只要有一个人做过，自己就可以做出一样的效果。她愿意花时间和精力尝试新东西，也愿意承担返工的风险。

学习的过程中，她做了很多笔记，房子成功落地后，她还将自己的实战经验与大家倾囊分享。烟草笑着感慨："现在我觉得自己就是装修'老中医'，专治各种疑难杂症，只要肯动脑，没有解决不了的问题。"

很多年前她就喜欢看家居改造类节目，那些藏着很多生活智慧的改造让她心动。如今终于可以在自己家施展拳脚，打造出自己的心动之家。

玄关

**无中生有的大玄关，
背后还藏着杂物柜。**

Entryway

❶ 增建一个柜子，避免一眼看到走廊尽头

原本家里是商品房常见的开门对着走廊的户型，通过加建一个柜子，形成了独立玄关。此外，烟草还将玄关背后的空间做成了不规则的杂物间。

❷ 用洞洞板收纳杂物间里的小工具

杂物间的面积只有 0.5 m²，用来藏弱电箱、装修工具和客人坐的椅子等杂物。装上洞洞板，工具收纳的难题迎刃而解。

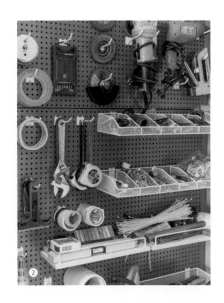

❸ 用 38 cm 深的侧柜收纳常用鞋

鞋柜的隔层为 18 cm 高，对不穿靴子的人来说完全够用。地脚悬空 20 cm，可以把常穿的鞋子收在柜底，不占用过道。这一面鞋柜长 1.2 m。

❹ 用 19 cm 深的薄柜隐藏电表箱

由于深度不足，所以下方柜子做成翻斗柜，可以放一些供客人穿换的拖鞋。这一面柜子长度也是 1.2 m。

小贴士

如何对原木柜门进行翻新？

除了重新做柜门、贴木纹纸，还可以选择贴木皮。木皮带有实木凹凸的肌理和手感，贴完足以以假乱真。

改造前

改造后

①

餐厨一体

**环绕式布局动线流畅，
橱柜里暗藏好用小心机。**

Kitchen & Dining room

❶ L 形橱柜围绕餐桌布置

厨房和餐厅处于同一个空间，洗菜、切菜、炒菜、进餐一气呵成。餐厨区通铺木地板，平日稍微注意一点并不难打理。

❷ 定制了耐热耐磨的岩板桌垫

3 mm 厚的西班牙超薄岩板盖在原有的漆面木桌上，可以耐受 2000℃的高温，也不怕刀痕和染色，十分好用。

❸ 明装把手让柜门时刻保持干净

如果用反弹器做无把手设计，就无法避免经常开关柜门造成的五金磨损，日常脏手频繁触碰柜门也会留下手印，综合考虑下来烟草还是用了把手。

❹ 将管线机的线巧妙藏入墙体

餐边柜一侧的墙里预埋了 DN50PVC 管，以免管线机的管道露出来。管线机可以即时烧水、出水，给孩子冲泡奶粉十分方便。

❺ 选择台中盆的安装方式，避免卫生死角

台中盆的盆面与台面齐平，清洁打扫很轻松。安装的时候在盆底加个支架，可以让台中盆承重更稳固。

❻ 安装转角拉篮，充分利用角落空间

角落的位置难以利用，但是转角拉篮可以帮助使用者将柜子深处的东西轻松取出来。拉篮是买的成品，可以直接装进橱柜。

小贴士

防止宝宝被橱柜夹到的小妙招

橱柜内装上免打孔安全锁，上锁后宝宝就拉不开抽屉了。大人想要打开时，用磁吸开关轻轻触碰一下柜门就行。隐藏式安装，也不影响橱柜的外观。

走廊和卫生间

走廊暗藏隐形门和杂物间，
洗扫、收纳一气呵成。

Corridor & Bathroom

❶ 纯白一体的隐形门让走廊干净简洁

设计时没有追求材质完全统一，门板是半光面的烤漆材质，墙漆是亚光材质，但纯白的颜色让
空间在视觉上十分统一。即使没有做通顶门，也能给人高大敞亮的感觉。

❷ 洗漱台内移，腾出 2 m² 杂物柜空间

将洗漱区移进面积宽裕的卫生间，这样就可以将多出来的空间做成杂物柜，用来装清洁打扫工具。日常扫拖完毕后，将工具在卫生间清洁、晾干，直接入柜，省时省力。

❸ 洞洞板区和搁板区各司其职

搁板用来收纳卷纸、洗衣液等日用品，洞洞板上则可以挂吸尘器、扫把等。柜内和柜底留有插座，可以给吸尘器和扫地机器人充电。

❹ 绿色小花砖消除卫生间的冷淡氛围

卫生间地砖选择六角小花砖，墙面则是常规的小白砖。因为小砖缝比较多，所以没有选择美缝，而是用环氧彩砂填缝，实际用下来也非常好打理。

❺ 洗漱台做成悬浮式，容量大，也好打理

洗漱区域超级实用，镜柜增强了空间的储物能力，洗手台下方还设计了木搁板，可以放置很多洗浴物品，入墙龙头看上去也很简洁。

工作室

将两间次卧改成工作室，在家也能好好办公。

Workshop

❶❷ 让人快速进入状态的工作室

家里的两间次卧，一间改成了烟草的娃娃工作室，另一间作为丈夫的画室。烟草封闭了画室面向走廊的门，只能从阳台进入画室，在两个不被生活气息干扰的空间，两人都能够快速进入工作状态。

住宅信息

资料

户型：四居室
面积：143 m²
地区：南宁
设计：居住者本人
施工：本地施工队（半包）
施工时间：2017—2018 年
装修用时：8 个月
装修费用：30 万

使用建材

材质
地板：多层实木地板
美缝：环氧彩砂
室内门：烤漆隐形门

供应商品牌
地板：city home
玻璃胶：东芝 381
环氧彩砂：马贝（2801）
智能家居：小米

扫码看更多细节

改造前平面图

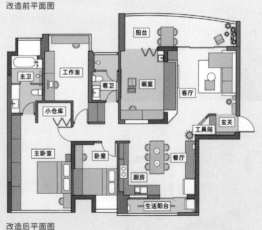

改造后平面图

烟草家
4 个提升颜值的隐藏式设计

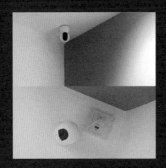

隐藏摄像头插座

用摄像头遮挡插座板,只需要预先留好
插座板,再买一根短 USB 线。

无门槛石

用 L 形铜条替代厚重的门槛石,需要注
意的是先埋铜条再刷防水,木地板的高
度以略高于瓷砖为宜。

无踢脚线

木地板与墙面之间留 1 cm 左右的缝隙,
几个月后用玻璃胶填补缝隙,就能做出
无踢脚线的效果。这里使用的玻璃胶型
号是东芝 381。

隐藏空调

预先装好插座和空调,做吊顶时再留出凹
槽。长条形百叶罩可以单独定制,最后装
上去即可让空调"隐形"。

◎客厅的落地窗前放上了书桌，就是6每天都能伴着好风景看书和工作。

03

把病毒
隔绝在门外的家

居住者：就是 6

> 收纳并不是一件麻烦事，
> 相反，它会让生活变得高效。
> 每做一次收纳，
> 我都更懂自己一点。

⊙ 从卧室看向餐厅，可以看到靠墙放置的小圆桌和白色极简厨房的一角。

收纳功能至上，
审美也不妥协的家

媒体工作者和程序员的家，
克制物欲，收纳整洁。
他们的家有把灰尘全部隔绝在外的玄关，
每一件物品都在它应该在的位置上。

北漂多年后，就是6和家属买下了这套68 m²的两居室，房子不大，却足够满足他俩的日常生活需求。曾经向往他人窗内的灯火，如今他们也有了一扇可以远眺的窗。窗内，是可以任意折腾的家。

她自小对家居感兴趣，在报纸上看到房产信息，会将户型图收集起来。爱好收纳，高中时租住在学校附近，由于读书压力较大，便自创了解压活动：把书桌上、抽屉里的东西全部翻出来，重新归置一遍，这个游戏屡试不爽。学习压力和贫乏的娱乐活动激发了她的收纳潜质。

爱好家居和收纳的就是6，把这个小家当成了一个玩具，排列组合它，是她最大的乐趣。

良好的收纳和布局，在新冠肺炎疫情期间的作用尤其突出。从进门开始，置物、换鞋、消毒、洗衣、烘干，一气呵成，完完全全地把病毒隔绝在门外。

就是6规定："每次回到家我们都要先洗澡，脏衣服全部得留在玄关处。"然而家属并不是一开始就是这般，以前他完全没有"收纳"的概念，但在就是6潜移默化的影响下，他也自觉担任起了整理各种电器及影音设备线的重任，并开始感受到整齐有序带来的愉悦感。

"收纳并不是一件麻烦事，相反，它会让生活变得高效。"作为一个收纳爱好者，就是6信奉"每一件物品都要有它自己的位置"。

物品有了自己的位置，人也会越发了解自己的需求。要什么，不要什么，一目了然。家里没有任何一件多余的物品，心亦变得足够清净。

玄关

**在小户型里打造独立玄关，
大柜子内置洗衣机。**

Entryway

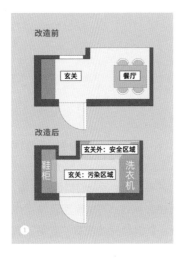

❶❷❸ **厨房门移位，打造完整玄关**

原户型进门就是厨房、餐厅，无论私密性还是卫生程度都不能满足居住者的需求。重新布局后，玄关成为"净身入户"的一道防线，可以完成换鞋—更衣—洗衣这一系列流程，外界病菌都能在此被隔绝。特意定制的斜角柜让入户动线毫无生硬感，十分流畅。

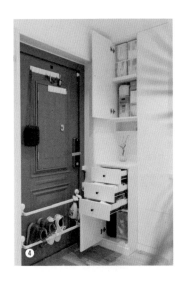

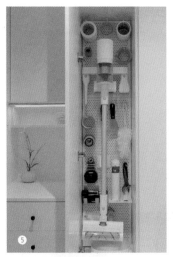

❹ 入户门旁收纳出行必备小物件

门上挂着口罩、钥匙、小包；挂杆上悬挂着回家换下的鞋，可以及时对其进行喷洒消毒。出门随手拉开抽屉就能拿取口罩、酒精棉，吊柜内则存放着备用的口罩等。

❺ 柜子内嵌洞洞板，轻松收纳家务工具

长条形的收纳区其实是由三块洞洞板拼接而成的。为了能够在柜子里给家务工具充电，就是 6 还特地在洞洞板上开了插座孔，使用的工具是钢锯和电钻，自己在家就能完成。

❻ 鸡肋的转角也要充分利用起来

由于户型改造而多出来的 0.2 m² 空间很难被有效利用，但装上转角搁板就将其变成一个小小的收纳区。既然位置较深，就用来放换季鞋。

❼ 把洗衣机、烘干机放在玄关，回家就能换好衣服

只要装修前期规划好水电和做好防水措施，就可以放心把洗烘设备放在玄关了。上下水的开关则设计在旁边的储物格里，这样检修起来也很方便。

厨房

**台面空无一物，
收纳和遮丑巧思随处可见。**

Kitchen

橱柜：欧派

小白砖和白板橱柜的搭配，经得起时间的考验

只有 6 m² 的一字形厨房空间狭窄，进深长，就是 6 利用简
约风格增加通透感。整体白色搭配灰色的台面、地砖彰显出
层次感。金色的挂杆、吊灯、把手则是让厨房变得精致的秘诀。
墙面上用挂杆弥补储物空间不足的缺憾。

❶ 在洗碗机上方自制一个小抽屉

6 cm 高的剩余空间，装上了定制抽屉板和阻尼滑轨，最后钉上封板和把手，就变成一个实用的工具抽屉。

❷ 抽屉式搁板收纳小家电

上层放些常用工具，中层收纳电饭锅和封口机，底层放置米缸、食物和调料。搁板边缘处留出了抽出米碗的空间。所有的收纳件都是白色，视觉上清爽统一。

❸❹ 把冰箱嵌入墙体，保持厨房整洁清爽

冰箱位于玄关的背面，因为是重新砌墙，所以毫无难度地做了嵌入式设计。嵌入式冰箱的容量普遍在 230 ～ 270 L 之间，因此容量不大，但关上门可以与橱柜保持风格一致。

❺ 百叶帘遮住热水器和外露管道

按照热水器的尺寸买回来的百叶帘不过几十元，安装时无须打孔，颜色也能定制，因此可以和各种颜色的橱柜搭配。

❻ 调料盒的位置巧妙利用了建筑的冗余空间

和很多中国商品房一样，厨房烟道旁有一条难以利用的缝隙。就是 6 在这里嵌入板材，做成小储物格，还找到了尺寸完全适配的调料盒。

嵌入式冰箱：卡萨帝 (240 L)

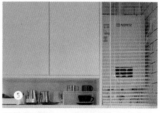

调料盒：霜山

客厅和餐厅

小客厅也能拥有 270° 的美丽窗景。

Living room & Dining room

投影仪：明基（w3000）
高清播放机：Egreat（A5）
家庭网络存储系统：群晖科技

❶❷ 利用客厅一角打造一套专业的家庭影院

为了可以在家里看上 4K 影片，就是 6 配备了 4K 投影仪、高清播放机和家庭网络存储系统（NAS）。设备虽然多，但用沙发边的一个小推车就足以装下，开放式收纳也更有利于散热。

❸ 给阳台换上完整无缝的落地窗

更换旧有被分割成多块的主窗，新换的落地窗从正面看视线毫无阻碍。两侧的小窗可以打开，搭配自带吸盘的擦窗机就可以轻松让窗户保持明亮干净。

❹❺ 拼色折叠圆桌作餐桌，好看不占地

餐桌放在客厅和玄关的衔接处，直径为 1.1 m，折叠后桌面是一个不规则的半圆。比常规折叠桌更为方便，不用展开就能满足居住者的日常使用需求，也不易发生磕碰。

5

餐桌: habitat

卫生间

**巧妙开窗洞，
改善卫生间采光。**

Bathroom

❶ 卫生间使用两种白色瓷砖，十分耐看

卫生间上半墙铺爵士白瓷砖，下半墙及地面铺纯白色方砖，竖向拼贴让层高看起来完全不止 2.2 m。就是 6 在墙壁上凿了一个 1 m×0.3 m 的窗洞，配上水纹玻璃，装在高处不用担心隐私泄露。

❷ 洗漱台装上金色配奶白玻璃的壁灯

壁灯是开模定制的，金色底座搭配奶白玻璃让整个卫生间多了漂亮的光泽，成为洗漱台的点睛之笔。

住宅信息

资料

户型：两居室
面积：68 m²
地区：北京
设计：居住者本人
施工：北京业之峰装饰
施工时间：2017 年
装修用时：4 个月
装修费用：45 万元

使用建材

材质
地板：实木复合地板
落地窗：断桥铝
浴室砖：白色方砖、爵士白瓷砖

供应商品牌
地板：安信
瓷砖：小火柴
落地窗：门窗港
定制柜：欧派

扫码看更多细节

改造前平面图

改造后平面图

就是 6 家
9 种实测好用的收纳件

① ② ③
④ ⑤ ⑥
⑦ ⑧ ⑨

① Leifheit 保鲜膜收纳盒
(对应收纳问题:保鲜膜、垃圾袋、厨房纸乱糟糟)

② 网兜
(对应收纳问题:不宜放冰箱且无处放的果蔬)

③ 带把手的密封盒
(对应收纳问题:吊柜高处的东西难拿取)

④ 食品密封罐
(对应收纳问题:谷物、面粉、香料用不完,又怕长虫)

⑤ 票据夹
(对应收纳问题:票据过一段时间就找不着)

⑥ 宜家思库布收纳箱
(对应收纳问题:衣柜收纳有缝隙,叠放拿取不便)

⑦ 吸盘式伸缩杆
(对应收纳问题:拖鞋、常用鞋满地乱堆)

⑧ Yamazaki 带轮垃圾桶
(对应收纳问题:临时需要一个垃圾桶)

⑨ 折叠熨烫板
(对应收纳问题:熨衣板不常用,但占位置)

没有房间的家

居住者：猫熊

> 开放式空间的好处是所有你能看到的地方，
> 无论是不是正在使用，
> 都一直在发挥作用。
> 身处房间的任何角落，都能享受整体的空间。

⊙ 从工作区向外看，客厅的全貌尽收眼底。
工作中的大人也可以照看在客厅捣蛋的孩子。

⊙ 入户处新建了 L 形的隔断，由此可以获得一些采光，同时视线也变得
通畅，矮墙的高度又刚好可以遮挡厨房的通道。

将客餐厨全部打通，卧室也只留一个空间，人和光可在其间任意穿梭

设计师猫熊的家，是"过日子风格"的家，
几乎没有隔墙和门，孩子能在家里"开火车"、搭帐篷。

有人问设计师猫熊："你们家是什么风格？"

猫熊答："算是'过日子风格'吧！"

房子是爸妈的，距离上次装修已经过了20年。猫熊计划重新装修这套房子，带孩子"借住"三年，等到孩子上学时再搬走，父母就会搬来长住。因预算有限，设计的核心思路是"在环保基础上，越简单越好，越省钱越好"。原户型是常规的两居室，隔间很多。"一共就没几个人，再分散到那么多房间里，就更谁也看不见谁了。"因此他决定做一个开放式的大空间。

减少房间、房门、柜门，减少一切让人感觉堵的东西，以至于全屋只有卫生间是有门的，只留里外屋两个大空间。初入玄关，视线被墙阻挡，但绕过门厅后，视线突然可以直达房间的每一个角落。大人无论是在做饭还是在工作，转头就可以看到孩子在何处。原本阻塞的空间也变得灵动起来，有时候孩子会在家里"开火车"、搭帐篷、转着圈追跑打闹。

装修之初，猫熊也为风格焦虑过，他找了上万张图片，想用房子的风格表达些什么。但他发现，除了"过日子"本身，他并没有更多想要表达的。何况很多设计虽然好看，但干净得像样板间，和"过日子"实在没有什么关系。

有一次他偶然听到日本设计师原研哉的讲座，说世界上有两种工具，一种叫"棍棒"，一种叫"容器"。"棍棒用于影响和改变，容器用于接纳和存放。类比装修的话，棍棒是把空间作为主角，通过空间向居住者传递信息；容器是把生活作为主角，通过尽量减少空间内的信息，让居住者的生活更舒适方便。"

对于家装来说，可以装成风格突出的"艺术品"，也可以装成注重实用的"日用品"。前者固然有艺术张力，却像攥紧的拳头般紧张；后者虽然没什么视觉上的特点，但是可以给人和物品留白，用真实的生活，把家打磨成自然而然的样子。所以装修好的房子，也不一定要表达什么，能给生活做个背景就够了。想到这里，猫熊安然接受了这个弱化风格的家，一切只是一家人"过日子"的样子。

客厅、厨房和餐厅

**LDK 设计引入充足的光线，
大人可以随时照看孩子。**

Living room & Kitchen & Dining room

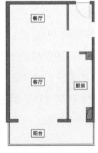

改造前平面图

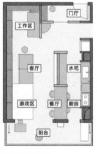

改造后平面图

❶ 打通三个空间，让光线充分进入

原始的客厅只能通过阳台的落地窗采光，拆掉客厅、厨房和阳台之间的隔墙后，采光得到最大程度的释放。

❷ 矮墙用作电视墙，隔开客厅和厨房

目前矮墙上没有安装电视机，仅作为投影区使用。矮墙不会阻挡视线，在客厅玩耍的孩子能够随时看到厨房里忙碌的爸妈。

❸ 工作区位于客厅一角

爸爸自觉认领了位于角落的工作区，墙体是增建的部分，用来隔开工作区和玄关。书架简易但容量大，平时拉上柔软的门帘，就能遮挡住书架的杂乱。

❹ 游戏区被家具围绕，安全感十足

游戏区在沙发旁，家长做饭时一回头就能看到孩子。靠墙的一整排矮柜是根据宜家的收纳盒尺寸定做的，收纳着玩具和药品等杂物。墙上则挂着孩子的画，蕴含着童年的回忆。

❺ 将电视墙背后的空间做成水吧，增加操作台面

水吧的操作台面长达 2 m，中层做抽屉增加收纳空间，底部可以放置桶装水等不易收纳的消耗品。

❻ 原木色橱柜暗藏收纳巧思

橱柜中内嵌了洗衣机，因此旁边的窄拉篮就用来存放洗涤用品。在传统橱柜踢脚的位置，猫熊安装了带滑轮的抽屉，既增加了收纳空间，日常也可以完全拉出，方便打扫。

改造前平面图

改造后平面图

卧室

**被柔软的织物围绕，
卧室变成孩子的游乐场。**

Bedroom

❶ **将主次卧打通，变成孩子的活动空间**

开放的空间不仅显大，还因为没有设门，视线上也毫无遮挡，家长在家随时可以看到在卧室活动的孩子。

❷ **没有常规家具，用布艺营造温馨感**

因为担心孩子滚下床，所以猫熊直接在卧室摆了三张床垫，任由孩子翻滚。衣柜也没有使用常规柜体，而是采用可调节五金，用窗帘代替柜门，开关方便，视觉感受柔软，还很省钱。

❸ 拉上帘子，卧室变成两个空间

窗帘拉上后，睡眠区变成封闭的空间，安全感十足。

❹ 大白墙可随时变成投影墙

睡前可以和孩子一起看看动画片，移动投影可以把任何白墙变成幕布，灵活度非常高。

卫生间

将卫生间改成三分离，收纳和灯光都暗藏巧思。

Bathroom

❶ 三分离卫生间让一家人一起使用时不拥挤

左侧为马桶间，右侧为洗漱台，正对面是浴室。外侧用移门遮挡即可。

❷❸ 马桶间暗藏收纳和照明巧思

定制的书法作品——《放下》给如厕的时候增添一些乐趣。手纸架带托盘，可以放置手机。马桶间设置了感应夜灯，夜晚起夜时可以只开夜灯。筒灯既不刺眼，也能提供足够的照明。在水箱上方做壁龛，壁龛内嵌了柜子，用来囤放备用的卫生纸巾。

❹❺ 双面开门的镜柜能满足多种需求

拿东西时，镜柜柜门可以朝两侧打开。化妆时，镜柜柜门则可以朝中间打开。

❻ 洗漱台收纳有藏有露

上方镜柜可以塞下瓶瓶罐罐，下方留空；使用收纳盒和篮筐收纳东西，好处是对存货一目了然，避免囤积太多生活用品。

❼ 特制抽屉收纳擦脚巾

左侧的抽屉没有装底板，而是装上了挂杆，用来悬挂擦脚的毛巾，这样即使关上抽屉也可以保持通风。

❽ 浴室不设置直接光源，营造出轻松的氛围

浴室没有装筒灯，而是安装灯槽，通过墙面反射形成柔和的光线，沐浴和泡澡的时候心情会更加轻松。砖砌的台面既可以放置物品，也方便坐着换衣服。

杂物间

将家里光线最暗的一角，
打造成杂物间。

Closet

❶❷ 走廊一角变成杂物间

作为家里光线最暗的一角，用于储物刚刚好。杂物间内没有定制储物柜，而是用带轮子的成品行李架搭配衣服挂杆，性价比很高。另一侧用来收纳吸尘器、婴儿车等。

住宅信息

资料

户型：一居室
面积：90 m²
地区：北京
施工：本地施工队
设计：居住者本人
施工时间：2020 年
装修用时：6 个月
装修费用：40 万元

使用建材

建材
地面：PVC 卷材地板
卧室地面：实木复合地板
客厅墙面：白色灰泥
浴室墙面：白色防水漆
橱柜板材：桦木多层板

供应商品牌
客厅墙面涂料：Lahabra
浴室墙面涂料：芬琳
客厅地面卷材：洁福
浴室地面卷材：东理

扫码看更多细节

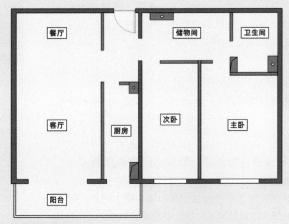

改造前平面图

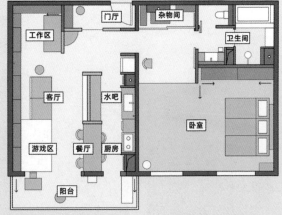

改造后平面图

猫熊家
9 种值得参考的无主灯设计

  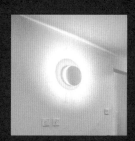

① ② ③
④ ⑤ ⑥
⑦ ⑧ ⑨

① 浴室不设直射灯，都是嵌入灯，利用墙壁反射获得柔和的光线。

② 卧室不设主灯，而是利用窗帘反射光照亮空间。

③ 踢脚线处设置小夜灯，起夜不必开大灯，也不用担心被绊倒。

④ 小空间选用光束角较大的筒灯，既能照亮空间，又不刺眼。

⑤ 沿着橱柜安装灯条作为主灯，提供充足的照明。

⑥ 在吊柜底部安装灯条，洗菜、切水果时就不必开大灯。

⑦ 客厅用环绕的隐藏灯带进行间接照明，不晃眼。

⑧ 台灯、落地灯用起来，既能提供局部照明，还能营造氛围。

⑨ 层高不理想的情况下，用壁灯代替顶灯，减轻视觉压力。

◎ 兰奕家位于一栋楼的四层和五层，客厅有 9 扇大窗，
外面有大树遮挡，采光和隐私都不必担心。

图片来源：一筑一事

05　　成都 ｜ 185 m² ｜ 三口之家

婚纱设计师
浪漫复古的家

居住者：兰奕

"

简洁和真实感才是对美的最好诠释，
而不是烦琐、浮夸的形式。

"

⊙ 餐厅的大桌，即使用来当工作桌
也绰绰有余。

图片来源：一筑一事

有着大花园的复古别墅，
在阳光和自然里与美为伴

婚纱设计的灵感来源于自然，
家的设计灵感也来源于自然。
木质打底、窗景为画，她将浪漫复古进行到底。

原创婚纱设计师兰奕，生活在成都一栋有着十几年房龄的老房子里，虽远离繁华之地，但兰奕深爱它的挑高和一整面墙的大窗户——像极了生活在山里。

她会在窗前为自己设计的婚纱拍照，会漫步在种满植物的花园中寻找设计灵感，会在宽敞的餐厨一体的开放式空间里与家人为伴……

步入家门，窗外的绿色透过几扇巨大的窗户毫无保留地"撞进"眼睛，视线稍移低，便看到宽敞明亮的开放式餐厨空间，樱桃木的橱柜散发出时光的气息。这里是一家人常聚的场所，窗外阳光亦大方加入。

居于家中，兰奕喜欢打理花园。"园艺有疗愈作用，沉浸其中，仿佛置身于世外桃源。"即使再忙，她都会抽时间打理花园。

两个分开的露台加起来有 30 m²，无论在什么时节，那里都有如调色板一样五颜六色的植物。春天可以栽很多一年生的草花，夏天是无尽夏的主场，常年种的是月季，深冬修剪过后，春天就来了……

兰奕无论设计家还是婚纱，都有着某种共通之处，即灵感皆来源于花草、自然。那是她对童年生活的印象。

如今，她已经在这个房子里生活了 5 年。这样的家也对孩子有着潜移默化的影响——筐筐从小就懂得保护美好的东西，也喜欢跟随妈妈去花园，一起浇花、插花。

除了美之外，兰奕的家亦和自己的生活习惯高度吻合，从外到内，家的样子就是她的样子。不冷淡，也不浮夸，"舒服"二字，可以概括全貌。

客厅和餐厅

客厅、餐厅一体，
给孩子留出充足的活动空间，
9 扇大窗引入阳光和绿意。

Living room & Dining room

❶ 丢掉电视机，营造阅读和沟通氛围

沙发位于客厅一角，对面没有摆放电视机，而是打
造了一个阅读角。这里也是一家人最常待的地方。

❷ 装上窗檐，让旧窗大变身

开发商原配的窗稍显平庸，在上下沿安装木色窗檐
后复古感倍增。窗檐是榉木材质，刷了柚木色的木
蜡油，由木工打好支架，再套上造型外壳进行安装。
因为房屋隐私性很好，所以客厅没有装窗帘。

吊灯：豪蒂灯饰之果
丝绒沙发：karimoku60

❸ 沙发巾和抱枕搭配出层次感

阳光制造的美好光影，安静地洒落在沙发
上，这里也是兰奕认为家里最美的地方。

❹ 将鸡肋位置布置成温馨的阅读角

楼梯下方朝东，早上的阳光正好能打在这
个角落，沙发旁边放着中古风柚木书柜。

❺ 用纱帘营造温柔的用餐氛围

餐厅有 3 扇长窗，搭配白色纱帘，让光线
变得十分温柔。1.8 m 长的大餐桌，很适合
亲朋聚餐。

◎打通墙壁后,客餐厨形成一个近 50 m² 的通透且没有阻碍的空间,方便孩子活动。

◎通铺橡木三层地板,脚感温润;无处不在的植物和挂画,都是兰奕婚纱设计的灵感来源。

图片来源:一筑一事

厨房

樱桃木的橱柜自然风十足，岛台藏电磁炉，随时可以吃火锅。

Kitchen

❶❷ 使用木色橱柜营造田园感

橱柜的柜门特地选了樱桃木面板，刷上防水防油的面漆，即使在厨房使用也不必担心藏污纳垢。灶台上方的吊柜遮住了油烟管道。

❸ 嵌入式电磁炉用途多多

岛台做了黑色的石英石台面，方便打理。岛台内镶嵌了电磁炉，可以满足兰奕作为四川人，经常在这里吃火锅的心愿。

❹ 用漂亮的盘子做厨房的装饰

在水槽旁装上田园风盘子搁板，并放上精心挑选的瓷器，是很适合厨房环境的装饰方法。

露台花园

**精心打理的小露台变成大花园，
成为享受下午茶
和亲子时光的居心地。**

Garden

❶ 把露台打造成地面花园的样子

为了实现地栽的效果，对露台的地砖整体做了抬高，和土壤齐平。由于地砖下方架空，排水也很顺畅。

❷ 打造一个疗愈身心的角落

摆上户外桌椅，就能在花园里享受下午茶时光。

❸ 巧妙营造露台的无限感

露台并不大，因此兰奕在露台尽头安装了带门的拱门，让视线有所延伸。露台边缘种植着能够和小区环境相融的植物。

❹ 用剪枝妆点家的角落

家里的花都是种植的成果，把即将枯萎的植物装进花瓶，不辜负它们的生命力。

小贴士

**如何打造不过季的
露台小花园？**

1. 选一种多年生的植物做主角，兰奕家选择的是月季。

2. 用应季开花的草本花卉来填补花园的空白。

这个方法适用于大部分面积不大的家庭小花园哦！

卧室

纯白卧室光影绰约，
巧妙地运用布艺，
打造温柔质感。

Bedroom

❶ 百叶窗增加私密性，布帘增加温柔质感

卧室的布帘选择的是自带褶皱的布料，可以对阳光进行漫反射，形成温柔的光。

❷ 米色地毯增加温暖脚感

地毯来自宜家，不仅便宜，还跟卧室十分搭。

❸ 乳白色的卧室干净清爽

除了布艺品，地板也选择了白色，材质是橡木。四柱床上挂着的蚊帐也很好看。

卫生间

小白砖搭配复古花砖，
耐看不过时。

Bathroom

❶❷ 兼具颜值和功能性的卫生间

卫生间是干湿分离的，所用的小白砖和厨房砖是同款，经典耐看，搭配花砖，有永不过时的美感。龙头自带水管，是为方便洗头而选购的。杂物都藏在镜柜和浴室柜的抽屉里，清扫无死角。

住宅信息

资料

户型：复式
面积：185 m²
地区：成都
设计：居住者本人
施工时间：2016 年
装修用时：6 个月
装修费用：40 万元

使用建材

一楼地面：棕色橡木地板
二楼地面：白色橡木地板
厨房地面：花砖
墙面：白色乳胶漆
窗：断桥铝
橱柜：樱桃木面板

二楼平面图

一楼平面图

扫码看更多细节

9 个 打 造 小 花 园 的 家

——

除了兰奕家，
这些人家里的植物也很迷人！

①	②	③
④	⑤	⑥
⑦	⑧	⑨

① 居住者：宅蘑菇 Moku
（深圳）

② 居住者：小面老师
（深圳）

③ 居住者：Molly 的阳台花园
（泉州）

④ 居住者：春天 _nye
（济南）

⑤ 居住者：咪谜米蜜
（青岛）

⑥ 居住者：SiSi 思子
（成都）

⑦ 居住者：邢邢 _Lily
（临沂）

⑧ 居住者：大姚·籽彣 DAYAO
（郑州）

⑨ 居住者：子帆 Neator
（广州）

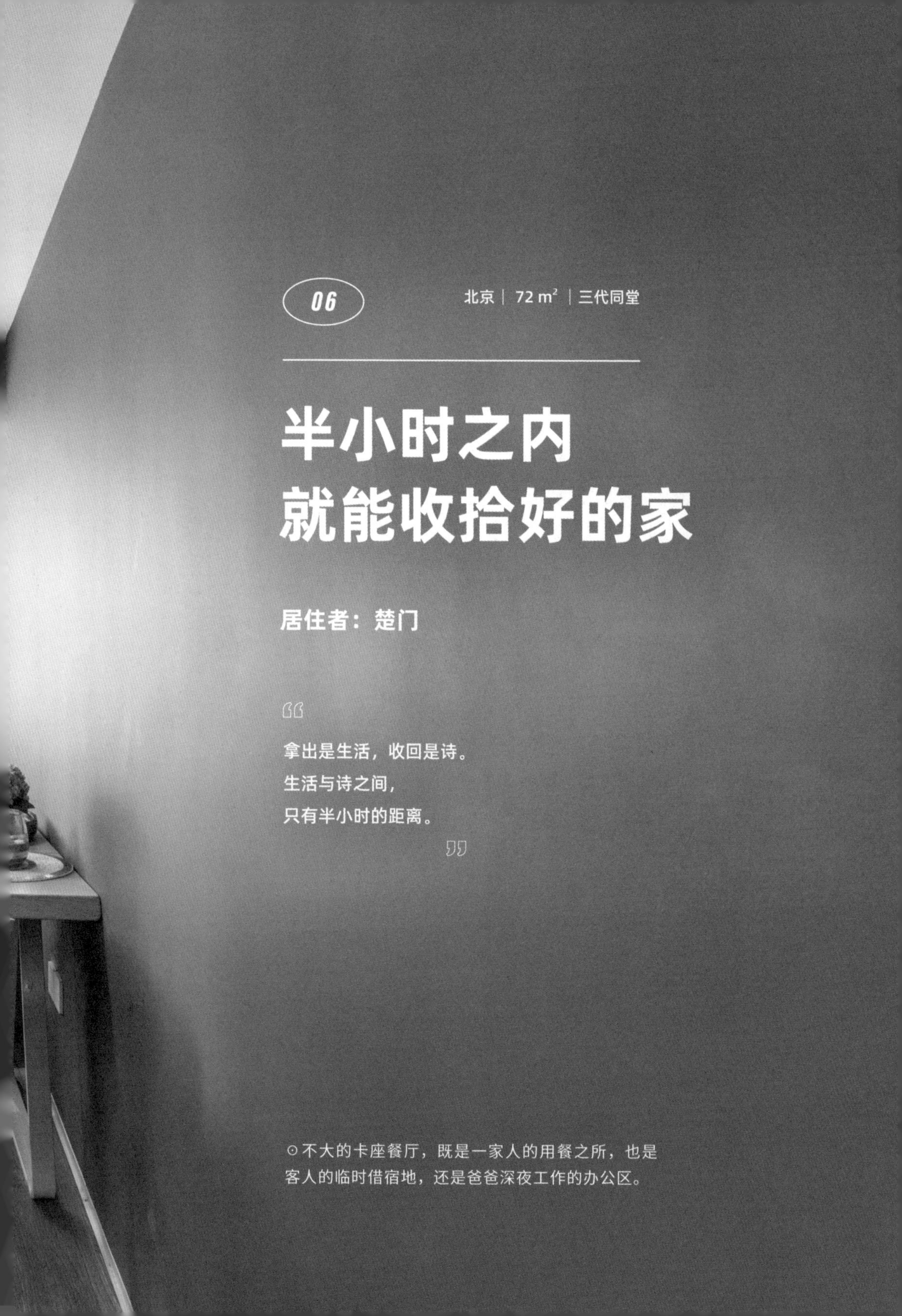

06

北京｜72 m²｜三代同堂

半小时之内就能收拾好的家

居住者：楚门

"

拿出是生活，收回是诗。
生活与诗之间，
只有半小时的距离。

"

⊙不大的卡座餐厅，既是一家人的用餐之所，也是客人的临时借宿地，还是爸爸深夜工作的办公区。

⊙入户处有个小储物间，被改成了一个有三面柜子的收纳力强大的储物玄关。从客餐厅看玄关，视线范围内，全身镜不仅完美遮挡了比较杂乱的换鞋区，而且扩大了视觉空间。

每个物品都有自己的归属地，
将家务量降到最低

律师楚门的家干净利落，
72 m² 的小房子里，每类物品都有固定的空间。
生活和工作纷繁复杂，
而最短的动线，助她从家务中解放。

5 年前，小朋友 4 岁时，楚门和先生在二环买下了这套小房子，这是一处同时方便孩子上学和大人上班的居所。

有孩子，有老人，房子小，物品多，工作忙。楚门说："作为一个已经认清了什么是生活的中年妇女，减少家务量、易打理、干净利落比任何风格都重要。"

因此楚门对房子的要求很简单：想要一个半小时之内可以收拾好的家。

以前的家没怎么装修，居住过程中发现有许多不符合家人习惯的设计，尤其体现在储物空间不够多。于是在新家设计时，完全按照家人的生活习惯进行装修，一切都变得井井有条。

为了把小户型利用到极致，家具全部定制，每类物品都有固定的空间。协助做家务的小电器，包括洗碗机、拖地机、擦地机……都有属于它们自己的位置。

因为装修前做足了功课，装修后的居住体验感自然提高了不少，搬进新家一年多的时间里，小朋友的玩具、大人忘记归位的物品，都可以在半小时之内归位，让它们回到各自的家。小朋友也因此养成了哪里取哪里放的生活习惯。

同时，在设计储物空间时，也比实际物品所需空间多预留了 20% 的空间，因此并不显拥挤。充足而科学的收纳空间成为她家最大的亮点。

客厅和餐厅

**客餐厅储物功能强大，
视觉效果也清爽，
还是一家人的"居心地"。**

Living room & Dining room

❶ 可伸缩吊灯是中古灯具

餐厅的吊灯是某丹麦品牌，20世纪六七十年代出品，吊绳部分可以伸缩，购自家附近的实体店。

❷ 选用实木整板作为餐桌桌板

桌面一侧做了直角边，另一侧保留自然边，使用感舒适。桌面下方装了薄抽屉，专门用来放置尺子、橡皮、签字笔等文具。

❸ 客餐厅一体，家具靠边放，腾出超大起居空间

客厅无茶几，榻榻米承担了餐椅和沙发的双重功能，也可以变形成一张小床，供临时住宿用。卡座下面是带滚轮的抽屉，可以收纳杂物。

❹❺ 整墙电视柜承担储物重任

客厅电视柜通高到顶，采用浅色竖线条、亚光烤漆门板，降低视觉压力。电视机自带可调节角度的支架；最右侧柜体为家务柜，放置脏衣篮和吸尘器。

厨房和卫生间

不大的空间想好用还整洁，
精细规划布局是关键。

Kitchen & Bathroom

❶ 厨房、卫生间共用一扇推拉门

厨房在客厅尽头，平时不关门，也给采光不佳
的客厅带来更多光亮。玻璃推拉门敞开着，洗
衣时推拉到卫生间一侧，以阻隔洗衣机工作时
的噪声；炒菜时作为厨房门使用，阻隔油烟。

❷ U 形厨房纯白一体，巧妙拉平墙体

厨房入门右侧的高柜内藏着公共水管，且收纳
容量惊人。左侧冰箱的深度比橱柜还要深，因
此墙体往卫生间移了一部分，以实现冰箱和橱
柜在同一水平线上。

❸ 利用视觉死角巧妙遮丑

不能藏进柜子的物品，比如湿毛巾，宜放在站在门口看不见的地方。

❹ 卫生间虽小，也有强大干区

镜柜收纳让台面清清爽爽，镜柜上竖向的灯带比起横向灯带更显层高。将洗手盆下面的柜子抬高，用来放置洗衣盆。洗衣干衣一体机，解决了没阳台无法晾衣的烦恼。

❺ 湿区角落藏起杂物柜

马桶旁边的角落原来有公共水管，于是设计师做了个柜子来遮挡。从客厅望进来，杂物都藏在视觉盲区，看起来整齐不乱。

卧室

三代人的卧室各有特色，
不同爱好通过巧妙的布局
一一满足。

Bedroom

❶ 主卧藏了一整面书墙

床对面做了整墙书架，藏得下夫妻俩大量藏
书。书架采用 40 mm 厚的实木多层板，不
用担心层板被压弯。

❷ 充满设计感的床头灯

床头灯的灵感来自飞机座位上方的阅读灯：
射灯光线只照射读书区，对身边的人睡眠影
响不大。

❸❹ 功能完备的儿童房

儿童房进门左侧的墙面做了黑板墙，小朋友
可以在上面涂涂画画。儿童床也定制了榻榻
米，三个大抽屉可以用来收纳孩子的玩具。

❺ 空间利用率极高的老人房

老人房空间不大，但床、桌、椅、衣柜、电视机一应俱全。床是定制的榻榻米式的，带三个大抽屉；衣柜则放置在进门右手边。这是利用率十分高的卧室布局方式。

住宅信息

资料

户型：三居室
面积：72 m²
地区：北京
施工：北京曹师傅装修队
设计：本地设计师
施工时间：2017 年
装修用时：3 个月
装修费用：45 万元

使用建材

材质

客厅地面：地板
厨房地面：木纹砖
浴室地面：木纹砖
客厅榻榻米：实木贴皮
卧室书架：实木贴皮
橱柜：实木多层板柜体、烤漆门板
玄关柜：实木贴皮
电视柜：颗粒板柜体、烤漆门板
浴室柜：颗粒板

供应商品牌

定制柜：京港科罗齐

扫码看更多细节

户型平面图

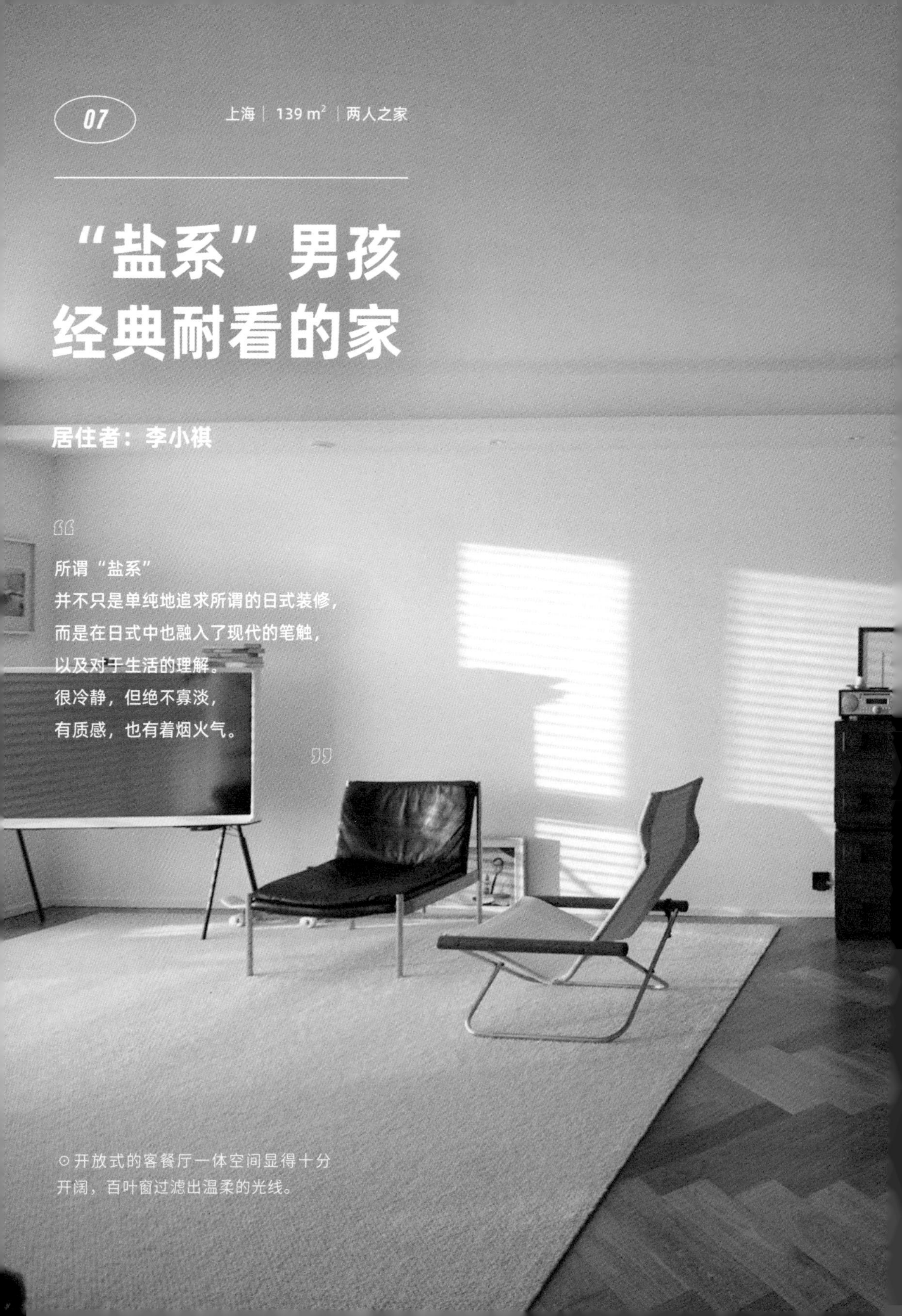

07　上海 | 139 m² | 两人之家

“盐系”男孩经典耐看的家

居住者：李小祺

“

所谓“盐系”
并不只是单纯地追求所谓的日式装修，
而是在日式中也融入了现代的笔触，
以及对于生活的理解。
很冷静，但绝不寡淡，
有质感，也有着烟火气。

”

⊙ 开放式的客餐厅一体空间显得十分开阔，百叶窗过滤出温柔的光线。

◎ 玄关做了下沉式设计，用亚光水性漆把猪肝色实木大门喷成了白色。
悬空的换鞋凳既让玄关有了错落感，又不失功能性。

**以原木色和白色为主色调，点缀着金属与皮革的冷静空间，
每一件奇趣小物都体现出生活的趣味**

在知名美食媒体工作 7 年，李小祺早早形成了自己的审美偏好。
房子有许多留白，却又在适当的时候有机连接，
他在热闹与安静之间打造出一种平衡。

新家坐落在上海市徐汇区，是附近少有的高层建筑，从阳台俯瞰，一排排红顶老房尽收眼底。风景虽好，新家的户型却中规中矩，并不令人满意。

作为知名美食媒体日食记的商务总监，李小祺早早形成了自己喜欢也适合自己的审美偏好。"请得起的设计师没我品位好，比我品位好的设计师我请不起"，因为这个原因，他决定自己设计并全程参与装修自己的家，甚至和妻子提前约定好"这是自己一个人的战斗"。

将靠近客厅的卧室墙打掉一半，形成一个半开放式的书房格局；主卫的墙替换成长虹玻璃，打破卫生间给人的逼仄阴湿的印象……房子里有许多留白，却又在恰当的时候有机连接，呈现一种安然宁静的气质。

李小祺把自己的家定义为"盐系"。所谓盐系，并不只是单纯地追求所谓的日式装修，而是在日式中融入了现代的笔触以及对于生活的理解。

开放的客厅为这个家保留了无限的可能性，刚住进来时物品不多，随着居住时间越来越久，它的形状也越来越清晰。家里的东西在有克制的情况下变多了，这让李小祺更加觉得有家的感觉。

在这种用心设计的美之下，李小祺也更加注重生活的仪式感。比如每到特殊节日会精心装扮家里，会下厨做美味的食物，每天清晨会亲手煮咖啡。

"床边有大落地窗，早起可以在床边伸懒腰，下午可以喝茶看云，落日时可以和爱人说说心里话，有微风、有阳光、有四季里自然的香气。"李小祺说，"36 岁，我住进了梦想中的家"。

客厅和餐厅

打破客厅、餐厅和书房的界限，不放固定家具，布局灵活。

Living room & Dining room

电视：三星 The Serif 画境系列
地毯：比利时进口素色羊毛地毯
长壁灯：Flos，型号 265
香格里拉帘：立川

❶ 客厅不放固定家具

客厅中央用一张 4 m×4 m 的比利时素色羊毛地毯来划分活动区域，家具在这个范围内随着居住者的活动需求自由移动。

❷❸ 橡木大餐桌与全屋其他材质相呼应

1.6 m×1 m 的大餐桌，材质上与全屋其他台面保持一致。四角被打磨圆滑，不用担心小孩被磕碰，桌面经过硬质蜡油预处理，防水防油。

❹ 实木台面的餐边柜质感温润

餐边柜是和橱柜一起定制的，特别搭配了 5 cm 厚的实木台面。嵌入式烤箱、餐具抽屉都藏在其中。左上方定制了红橡木实木吊柜，作为酒柜。

❺ 用电视架取代传统电视机柜

电视机是三星 The Serif 画境系列款，也是客厅的颜值担当。没选用传统电视机柜，也是为了方便随时调整客厅格局。

❻ 木头和金属搭配出"城市男孩"感

家中有不少金属材质的物件，既中和了木质的温润，又带有日式复古感。

注："城市男孩"译自"City Boy"，City Boy 风格由日本男士杂志《popeye》开创，原指一种穿搭风格和生活风尚，后延伸出与之相匹配的居住风格。

书房

书房开半墙，开阔感十足，中古风置物架调整随心。

Work area

桌板：红橡木实木板

❶ 定制桌板作为双人书桌

3 个 L 形支架上墙，然后架上木板就成了书桌，3 条镀铬银色的桌腿作为辅助支撑，稳定的同时，也便于打扫。

❷ 半墙隔断区分客厅和书房

非承重墙被砸掉了一半，配以实木压在上方收口。用浅色清水泥涂料粉刷，独特的材质自然分隔开两个空间。

❸❹ 木制吊顶间投下温柔的灯光

走廊处原本是白色石膏板吊顶，入住后李小祺定制了 50 根 60 cm×8 cm×5 cm（长 × 宽 × 高）的红橡木实木条，并打钉入墙。中间嵌入 T5 灯管，颜色舒适，洗墙效果也很好。

❺ 丹麦中古风格的模块化书架

4 组实木书架（总长度为 350 cm，深度有 19 cm）重量十足，必须安装在承重墙上。书架是经典的柚木色，搭配各种书籍、杂志、唱片、装饰品及音响都很和谐，经典又时髦。

厨房

原木色搭配白色，
打造日式经典橱柜，
电器巧妙藏入柜体和墙中。

Kitchen

❶U 形日式风橱柜经典耐看

木质色调搭配陶瓷白，低纯度的配色保持视
觉的舒适和统一。灰色水磨石地砖既容易打
理，还不显脏。定制的吊柜里藏着电源和微
波炉、燃气炉，柜门选用了耐看的长虹玻璃。

❷ 阳台嵌入式洗衣机低调又隐形

洗衣机柜内部用砖块砌成，宽为 80 cm，
深为 80 cm，高为 180 cm，预留了龙头（出
水口直径为 19 mm）和下水口，水管有高
低差，排水顺畅，阳台另一端是同样内嵌的
双开门大冰箱。

❸❹ 百叶帘打孔采光更佳

厨房使用的是横百叶，百叶上的金属打孔是
设计亮点，透光不透影，金属材质更牢固。

❺ 进口大单槽（水槽）使用便利

铸铁搪瓷单槽（水槽）的尺寸为
838 mm×560 mm×219 mm（长 × 宽 × 高)，
搭配抽拉式龙头让清洁更便利。水槽上的灯是
从日本海淘来的,灯光颜色给人以温暖的感觉。

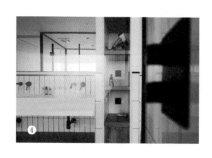

卧室和卫生间

**卧室里搭出纯白玻璃浴室，
马赛克瓷砖复古不过时。**

Bedroom & Bathroom

❶ 砸掉墙体做玻璃沐浴区，采光更佳

将主卫的墙体换成玻璃，采光的问题迎刃而解，将长虹玻璃作为隔断，让光影变得曼妙。

❷ 纯白小砖整齐有序，增加空间的精致感

地面铺的是马赛克砖，可以铺出各式纹样。墙面上竖向铺贴的小砖更显层高。

❸ 双台盆设计，即使两人同时使用也不冲突

台盆一体成型，为人造石材质，硬度高，易清洁，即使有划痕，用 400 目砂纸沾水一擦就干净了。

❹ 壁龛内嵌插座，解决充电难题

每一格壁龛都预留了带 USB 口的插座，作为电动牙刷等小电器的充电位。用定制的不锈钢篮收纳小物件，整齐透气，最下面一格高度达到 60 cm，可以用来放置脏衣篓。

小贴士

**如何做出漂亮的
铜条门槛石设计？**

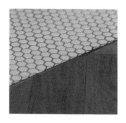

1. 瓦工阶段铺贴地砖时就嵌入铜条，让两者水平一致。

2. 铺贴地砖时考虑好地板高度，后期做到地板、铜条、瓷砖在同一水平线。

3. 地板与铜条的接触面如果有缝隙，可以用玻璃胶收口。

从日本酒店获得灵感，打造自己的卧室

实木床、悬浮床头柜、清水泥背景墙的整个灵感来自东京日本桥滨町酒店。窗台也采用了原木色的材料，与实木地板相呼应，十分温馨。

次卧里挂着路易斯·布尔乔亚（Louise Bourgeois）的作品，为此李小祺特地定制了射灯。3D照片在红色的光照下显露真容。

住宅信息

资料

户型：三居室
面积：139 m²
地区：上海
设计：居住者本人
施工时间：2019 年
装修用时：9 个月
装修费用：50 万元

使用建材

地板：实木地板
墙面：白色乳胶漆
落地窗：断桥铝
玄关柜：生态板
衣柜：生态板
吊柜：红橡木
书架：樱桃木（柚木色）

扫码看更多细节

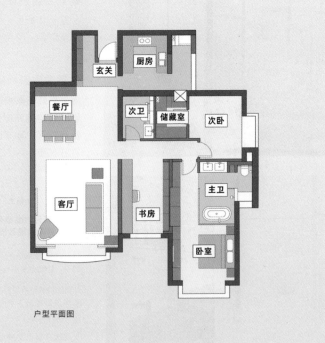

玄关　厨房　餐厅　次卫　储藏室　次卧　客厅　书房　主卫　卧室

户型平面图

李 小 祺 家
9 个 充 满 "盐 系" 感 的 小 物 件

① ② ③
④ ⑤ ⑥
⑦ ⑧ ⑨

① 不锈钢纸巾盒
（产地：日本）

② 胡桃木音响
（产地：美国）

③ 车载收纳箱
（产地：日本）

④ 水杯
（产地：日本）

⑤ 不锈钢牙刷架
（产地：中国）

⑥ 不锈钢钢丝夹
（产地：中国）

⑦ 卡式炉
（产地：日本）

⑧ 个人摄影作品
（拍摄于日本北海道街头）

⑨ 甜甜圈墙饰
（产地：波兰）

让父母
能安心养老的家

设计师：草三冉 CSR（以下简称"草三冉"）

"

经历了将近一年时间的彼此分隔，
更觉得要把他们在家里的生活安顿好，
我们在外才能安心。

"

◎ 客厅选用符合老一辈审美的餐椅和沙发，获得了父母的一致
好评；沙发背景墙上挂着《瑞鹤图》，寓意美好。

◎玄关是连接室内和户外花园的纽带，为了防止户外尘土进入客厅，玄关地面做了下沉处理。和客厅连接处的木地板采用实木制作的缓坡作为过渡，并刻上防滑槽，避免进出被绊倒。

将日式家居的巧思融入养老房，
现代化功能的家具中处处蕴含古典美

新冠肺炎疫情过后，草三冉给爸妈改造了房子，
功能上，为适老而设计；审美上，尊重爸妈的选择。
为爸妈准备的舒适的后半生的家，绝不将就。

2020 年新冠肺炎疫情之后，草三冉给爸妈准备的养老房正式开始设计施工，一夜之间，爸妈成了自己的甲方。

房子在老家湖北省荆州市，而草三冉工作的重心在广东，出完图纸后便飞回广东的他，几乎无法亲临装修现场。好在有妈妈亲自担起"项目经理"的职责，后续无论是在现场跟进装修细节，还是处理各种突发情况，都由万能的妈妈一手操办。对于这个家而言，装修的过程融入了两代人的审美和努力，也呈现出了既有现代功能又兼具古典美感的样子。

这套房子原本是一个三室两厅的普通户型，室内面积 108 m²，位于二楼，户型方正，南北还算通透，且自带一个户外花园，是一个老一辈都会夸赞的好户型。但对于从日本留学归来、深受日式住宅理念影响的草三冉来说，其间仍有改造的余地。

一个必须的改动就是玄关。作为入户和通往花园的交叉口，如果没有缓冲，尘土和病菌便能毫无阻拦地被夹带进家里，不利于维护室内的干净无菌。于是玄关采用了经典的下沉式设计，无论是从户外花园进屋，还是外出回家，在这里脱下鞋子便可以放心走进家门。另一个重要的改造是卫生间。房子平日里只有老两口居住，不需要两套完整的卫生间设备，反而是两个卫生间都很狭窄，让使用的舒适度大打折扣。草三冉在不改变房间数量的情况下，将客卫改成了日式四分离，过道宽敞、储物充足、地面防滑，新的卫生间充分考虑了老年人的使用需求。主卫仍然保留，但只留一个马桶间，方便起夜即可。

改造后的家，乍一看并不夺目，还是那个方正讨喜的三居室，风格也十分朴素克制，但功能和通风却大大改善了。原来的房子住的时间越长，就会越觉得不便之处让人难以忍受，对于长时间待在家里的老人来说更是如此。打造养老房，更需要一份"不将就"的决心。通过充分的适老化改造，家成了老人的"隐形拐杖"，于细节处无声关怀，让他们不必忍受难以启齿的不便，一个合格的养老房即是如此。

玄关和厨房

**巧用地面材质区分净污区，
杜绝尘土和油污进入客餐厅。**

Entryway & Kitchen

❶ 通过瓷砖和地板区分净污区

厨房和餐厅之间没有高度差，只用不同的材质做了区分。
厨房部分使用瓷砖，便于清洁。

❷ 悬空鞋柜收纳全家人的鞋子

进门和缓坡处都安装了感应脚灯，照亮脚下，避免跌倒。
高度齐腰的鞋柜可以充当扶手，鞋柜下方悬空，方便收
纳临时换下的鞋子。

❸

❸ 充分考虑父母爱好，打造色调沉稳的厨房

玄关的侧面是厨房入口，奶茶色吊顶在潜意识中明确了厨房和客餐厅的分区，同时也增加了空间的层次感。厨房以胡桃木和墨绿手工砖的搭配为主基调，符合父母的审美，由此也奠定了全屋的主色调。

❹ 中岛成为一家老小的聚集地

有了中岛，家人们更爱聚集在这里，过年期间小孩儿们也爱来打下手。岛台下方预留了小家电和垃圾箱的位置，把电饭煲拉出来就可以使用，方便之余也不费腰。

❹

餐厅和卧室

将胡桃木色作为全屋
主色调，玻璃砖引入
舒适光线。

Dining room & Bedroom

❶ 嵌入式餐边柜不留边角，圆桌给家添些活泼感

圆形餐桌平时收到墙角，人多的时候便挪到中间来，动线灵活，并搭配了一长
一短的悬臂灯，可以根据餐桌远近来调节灯光氛围。为了平衡胡桃木的颜色，
餐桌选择了白色大理石材质，活跃空间氛围。餐边柜等功能性家具被嵌入一侧
的墙壁中，余下的活动空间便是一块完整的方形，看上去更加规整。

❷ 用层板做吊顶，平衡视觉感受

贯穿了客餐厅的胡桃木层板将高低不一的家具统一起来，丰富立面的同时，也
给走廊入口一个过渡和缓冲的空间。

❸ 将走廊改成储物区，并用玻璃砖引光

走廊尽头的主卧入口处采用了玻璃砖墙，让视觉有一种延伸感，平时把卧室门开着也是一道风景。

❹ 宽敞的睡眠区留有改造空间

走廊尽头一侧是主卧睡眠区，以奶茶色和胡桃木色为主色调，同色系中的深浅变化，柔和了卧室的整体色调，营造出舒适的睡眠氛围。睡眠区比一般的卧室稍大一些，给未来留出改造的余地，草三冉特意将大型衣柜设置在对面的小房间内。

❺ 衣帽间也是预留的陪护房

玻璃砖墙的另一侧是陪护房兼衣帽间。室内除了衣柜，还摆放了一张沙发床，现阶段是爸爸的书房，日后需要看护时，看护人可以住在这里。陪护房与睡眠区之间用帘子隔开，既方便联系，又互相独立。

卫生间

**如厕、洗漱、洗衣全分离，
变宽敞后父母使用更舒适。**

Bathroom

❶ **四分离卫浴，巧用玻璃砖来增加采光**

卫生间从走廊进入，采用了拱门形状的入口
作为过渡，玻璃砖既是装饰，也能增加采光。

❷ **马桶间不大，储物力却很强**

随着年纪变大，记忆力会慢慢衰退，因此物
品最好能够做到随用随放。马桶间的侧面做
了矮柜，用来存放纸巾等囤货，如厕起身的
时候也可以扶着台面借力，一举两得。

❸ **悬浮台盆让空间不显局促**

解决了囤货收纳问题，洗漱台下方就可以空
出来，常用的物品放在侧面壁龛中，拿取更
加方便。

❹ **巧用帘子分隔出更衣间和洗衣区**

洗漱台再往里就是更衣家政间，和浴室挨着，
大大缩短了洗衣动线。更衣间和洗漱台之间
用拉帘隔开，洗澡前在这里把脏衣服脱下，
就地分类洗涤。

❺ **淋浴间的设计充分考虑了安全性和
便利性**

淋浴间采用了密封性良好的浴室折叠门，既
可以防止湿区的水溅出来，遇到突发情况也
能第一时间破门抢救。淋浴下方定制了大理
石矮凳，方便坐着洗澡，也可以放沐浴露等
洗浴用品。

保留主卫功能，方便起夜

主卫隐藏在玻璃砖背后，保留了马桶间的功能，布置上以温馨为主，用胡桃木饰面代替冷冰冰的瓷砖。底部设置了夜间照明的地脚灯，晚间起夜不会刺激眼睛，也不影响睡眠质量。壁挂洗手盆轻便不占位置，出水口与挡水板一体的设计解决了厕后洗手的问题，同时也节约贴砖厚度。

住宅信息

资料

户型：三居室
面积：108 m²
地区：荆州
施工：本地施工队
设计：草三冉 CSR
施工时间：2020 年
装修用时：4 个月
装修费用：40 万元

使用建材

玄关地面：米黄色通体瓷砖
客厅地面：北美黑胡桃实木地板
主卫地面：水磨石地砖
橱柜材质：木芯板 + 北美黑胡桃木饰面
中岛台面：爱马仕灰色大理石

改造前平面图

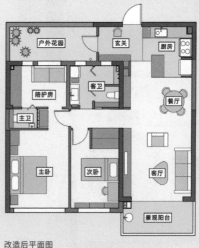

改造后平面图

扫码看更多细节

9 个 必 须 给 长 辈 准 备 的
适 老 化 设 计

① ② ③
④ ⑤ ⑥
⑦ ⑧ ⑨

① 在玄关、浴室安装壁挂式座椅
（设计师：昆设计事务所）

② 安装感应式夜灯，方便起夜
（设计师：成被设计）

③ 无地柜、设缓坡，打造无障碍地面
（设计师：演拓设计股崇渊）

④ 在走廊安装扶手，或将其嵌入柜体
（设计师：张烨 LZA）

⑤ 过道宽度以轮椅能通过为宜
（独立设计师：王英俊）

⑥ 在马桶一侧安装扶手，借力起身更安全
（设计师：JORYA 玖雅）

⑦ 根据老人的行动路线设计连续扶手
（设计师：一休 | 无限设计）

⑧ 安装推拉门，方便坐轮椅的
老人开关门
（设计师：一休 | 无限设计）

⑨ 柜子下方悬空让轮椅可以无障碍地推进去
（设计师：演拓设计股崇渊）

◎ 站在阳台的位置，视线经过主卧、餐厅直达儿童房。

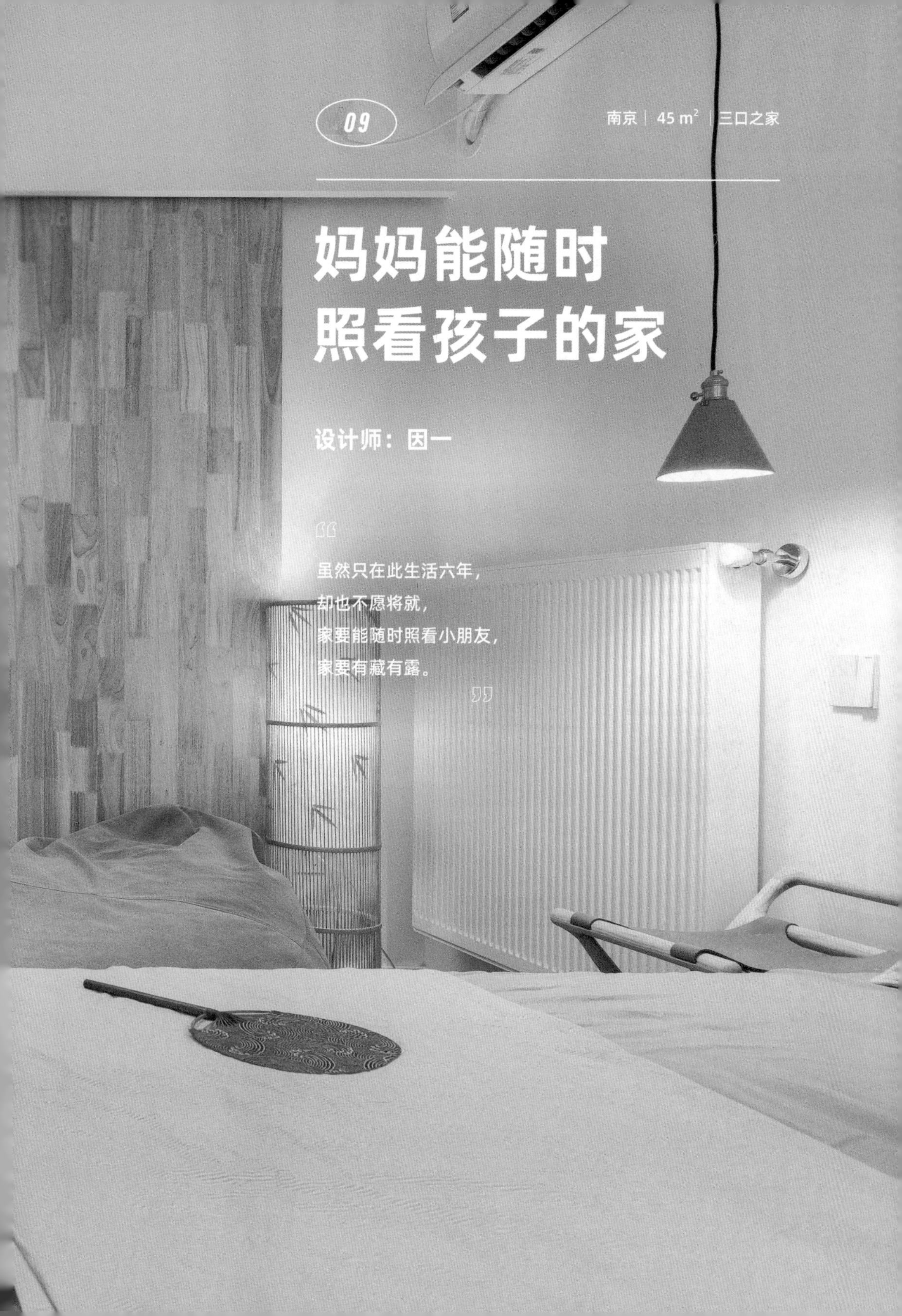

09

南京 | 45 m^2 | 三口之家

妈妈能随时照看孩子的家

设计师：因一

“

虽然只在此生活六年，
却也不愿将就，
家要能随时照看小朋友，
家要有藏有露。

”

⊙ 从餐厅可以看到孩子在自己的房间里活动的情形。

将家全部打通，让家一览无余，
通过移门、移窗能让家人随时看到彼此

45 m² 的小房子，装下妮爸、妮妈和女儿六年的生活。
房子于小中见大，家人和家，都连而不断。

妮爸和妮妈在女儿上小学一年级时，买下了南京市中心的这套 45 m² 的学区房。一家人即将在此度过非常重要的六年，决心认真对待这六年的他们邀请了同城的设计师因一为其设计。

房子很有特点，就一个"小"字。往大门口一站，不用迈腿，不用转头，余光往左瞟一眼再往右瞟一眼，就能把整个空间看完。妮爸希望能让室内空间看起来宽敞些。因一从中式园林里获得思路，将"藏"和"露"的手法巧用在这个 45 m² 的小家里。望得穿是"露"，看不全是"藏"。因一说："有藏有露，小房子才能有大房子的空间感。"

在因一的设计下，原本分隔开来的三个房间，被细致地划分成五个功能区。彼此之间通过门窗连接，打开就可以一眼望穿整个家。杂物和生活气都藏进了视觉死角，保留一份清净视野。餐厨区与儿童房之间开了一扇方窗，妮妈在厨房切菜做饭的同时，可以照看女儿的一举一动。女儿也可以趴在窗口，"叫吃叫喝叫叫"

水果"。要是哪天不开心，还可以两手一拉，把窗扇合上。主卧稍做改动，竟能挤出一个小客厅供全家使用，傍晚回家后，一家人也有了分享日常的地方。

每个家庭成员都拥有了自己的"居心角"。客厅的小角落是妮妈的梳妆台；在卧室的阳台摆上书桌，是妮爸的小天地；而女儿妮妮的小天地，就在自己的儿童房里。活泼的小姑娘天天惦记着要睡在上铺。可妮爸妮妈不放心，于是双方展开了友好协商：高低床可以有，但上面用来玩儿，下面用来睡觉。儿童房附送一个滑梯，在上面玩够了，顺着滑下来睡觉。8 m² 的房间里，书桌、储物箱、阁楼、滑梯一应俱全，很受欢迎。表妹来家里玩儿时，两人在屋里抢了一下午滑梯，回家的时候表妹都是抹着眼泪被拖走的。

谁说学区房就要住得逼仄难忍呢？巧妙的空间处理，加上真心为孩子的天性而考虑的设计，让这个小户型中的"小户型"，变身"洞天福地"。

餐厅和厨房

**餐厨区融为一体，
开放式设计和隐藏式餐桌
让视觉空间变大。**

Dining room & Kitchen

❶ 小夜灯营造回家的仪式感

这是回家推开门后看到的第一眼，入户墙刷了灰色磁性漆，可以让孩子在上面乱写乱画，也能让大人记录日常生活。墙角定制的温暖小夜灯，给回家的人光亮和温暖。

❷ 餐厅和厨房二合一，增加厨房操作台面积

U 形厨房的利用率很高，靠近玄关一侧作为餐厅，做好饭顺手就可以上菜。厨房另一侧是一面顶天立地的双向大柜子，方便拿取物品，容量巨大。

❸❹ 餐桌选用抽拉款，不用时藏入台面下方

可抽拉餐桌是白橡木实木板搭配宜家桌腿滑轮的组合。

❺ 定制小窗口，方便与孩子互动

妈妈在厨房做饭的时候，可以通过木窗看到孩子的一举一动，顺道切个水果递给孩子，非常方便。制作方法也不难，定制厨房的时候，和商家交代预留出一个洞口即可。

❻ 开放式收纳柜暗藏放大空间的小心思

收纳柜两面开洞，从两个方向拿取东西都十分方便。柜子上放着瓶瓶罐罐等小器具，视觉上以小（器具）衬大（空间）。

儿童房

8 m² 的局促小房间，
用抽屉围合出"小庭院"。

Kid's room

睡眠区设置在高低床下层更安全，为了弥补
光照不足，墙上还装了阅读灯。

**❶ 以榻榻米围合空间，还要
设计一个小滑梯**

在宜家库拉床的基础上集齐了滑
梯、小衣柜、玩具收纳台阶、书
架、书桌、二层小阁楼。滑梯满
足了孩子爱玩的天性，高低床上
层加上帷幔就变成了玩乐的"小
阁楼"，房间中间的下凹区域又
带来十足的安全感。

❷ 地台和台阶都是收纳区

宜家的舒法特柜子被很多家庭用
来收纳玩具，这里还兼作爬上小
阁楼的台阶。周围 30 cm 高的地
台为收纳区，小朋友可以抽出周
围一圈的抽屉，取物便利。

❸ 僻静的一角设置为学习区

游乐区的另一侧是书架和小书桌，这里是能够安安静静学习的地方，可以不被爸妈的视线打扰，书也可以随取随看。

❹ 儿童房的入口设计也极具仪式感

小小的卧室门也定做成有仪式感的双开门，贴上小对联，给人一种进宅院的感觉。

❺ 海棠花玻璃窗可开可合

想要保证自己卧室私密性的时候，孩子可以选择关上这扇小窗。

卧室

在大卧室中挤出小客厅，
收纳、办公、化妆需求全满足。

Bedroom

❶❷ 卧室做了可以单独控制的移门和移窗

白天打开门窗视线通畅，夜晚关上门窗保护隐私。
移门、移窗相对于平开门来说，尽最大可能节省了
空间。

❸ 床头借墙体做了薄柜

在柜体内嵌入插座，方便给手机充电。床头上方的
收纳空间充足，侧边的床头柜自然可以做得很轻便。

④ 将卧室一侧做成休闲区

床尽量靠近阳台，这样便留出了一片空地，铺上地毯就成为一家人的小客厅，有了互相陪伴的空间。

⑤ 沿着墙面和窗台做收纳系统

在主卧沿纵墙设置顶天立地的收纳系统，将小户型储物潜力发挥到极致。阳台窗下则设计了一组书架，供夫妇二人使用。另一侧柜子承担洗衣、晾晒、收纳的生活功能，洗衣台、洗衣机、烘干机在此一字排开。

⑥ 利用角落空间打造梳妆台

床边是妈妈的梳妆台，移开木制推拉窗，就可以看到女儿。木格栅门内的柜子里可以收纳各式包包、香水，便于通风储存。

❶❷ 阳台一角是男主人的书房

桌子被墙体和窗帘挡住，可以暂时隔绝喧嚣，为男主人提供一片小小的天地。

一株竹子将它与功能区分隔开来。

住宅信息

资料

户型：两居室
面积：45 m²
地区：南京
施工：本地施工队
设计：南京系园建筑
设计工作室
施工时间：2018 年
装修用时：4 个月
装修费用：25 万元

使用建材

餐厅地面：瓷砖
卧室地面：实木多层地板
室内门窗：橡胶木实木门
榻榻米：松木直拼板
玄关墙面：磁性黑板漆

扫码看更多细节

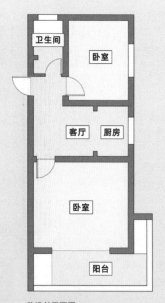

改造前平面图

改造后平面图

9 个 好 玩 好 用 的
儿 童 房 设 计

① ② ③
④ ⑤ ⑥
⑦ ⑧ ⑨

① 床下留作收纳区，匀出空地
（设计师：Hidesign）

② 留出一块墙面作为涂鸦墙
（居住者：雪玉叮）

③ 打造第二个入口，激发孩子的探索欲
（设计师：夏天）

④ 树屋下变成孩子的活动区
（居住者：阿蜜拉）

⑤ 儿童衣柜让孩子可以自己动手收拾
（居住者：果冻和他的仙女妈妈）

⑥ 地台划分出玩乐区和休息区
（设计师：苏州晓安设计）

⑦ 书桌靠着榻榻米，提供安全感
（居住者：伊哒梦）

⑧ 定制柜内嵌玩具收纳箱，孩子自觉
学收纳
（居住者：tubo）

⑨ 柜子留空一部分，给孩子一个小小的藏
（设计师：凡夫设计）

打破常规格局的 LOFT 之家

居住者：Fun 小郑大梦（以下简称"小郑、大梦"）

"

设计应该融入设计师的独立思考，
而不是被设计趋势左右。
我们对网红设计有"逆反心理"，
只想做让人觉得舒服的家。

"

◎ 客厅采光最好的一侧，摆放着双人工作台。
同为室内设计师的两人，常常一起在这里工作。

⊙ 玄关处的天花其实是二楼的玻璃栈桥，
一方面在层高有限的条件下延伸了空间，
另一方面也增加了入户的采光。

基调简单素净，性格色彩浓烈，
外表冷漠，内心火热的家

设计师小郑和大梦居住在南京，
家如其人，风格自成一派。
他们不跟随流行，只做写着自己名字的家。

在南京度过四年租房生活后，小郑和大梦终于有了一套属于自己的房子。这是一套面积为 50 m^2，却有 4.8 m 层高的挑高户型。

买下它的原因很简单：这是预算内可改造空间最大的房子，还有一面从一楼延伸至二楼的落地窗。

小郑和大梦均为室内设计师，他们为很多人设计过家，他们心目中的好设计是：能让人在看到这个家的第一眼，就想到它的主人。在自宅设计上，这一点体现得尤为突出。

小郑平时话少，很安静，但他说自己是一个内心火热的人。他们的家一楼整体让人感觉十分简单素净。大地色的基调、纤细的书架、细腿家具和几株安静的绿植，整个家有一种十分清冷的质感。然而在清冷之外，又会刻意保留色彩浓烈的装饰画，一如小郑的性格。

大梦则活泼开朗，爱笑，朋友圈偶尔会发几个段子，喝到好喝的饮料会专门发朋友圈说"好喝"。偶尔自黑，也常常感叹遇见好多优质客户，表达情感非常直率。二楼卧室则完全体现了她性格中的热情。颜色十分跳跃，深蓝色和黄色的拼色，再配上白色提亮，倒也十分和谐。竖线条造型的拱门背后藏着一个小小的储物间，随意中带有一些设计感。

在家里，他们最常待在客厅，因为这里采光很好，可以经常晒到太阳。不工作的时候，两人会一起旅行，从沙漠到雪山，都有他们的足迹。

两人双双从设计公司辞职做独立工作室时，许多人不理解，他们的收入也少了很多，但这对小夫妻很享受现在的生活，并在做不同的尝试。

他们对现在的家很满足，未来希望有个带院子的家，让至爱的猫狗们能在有生之年，在自家院子里尽情撒欢。

玄关和客厅

**打破常规的客厅布置，
匀出夫妻俩的双人工作区。**

Entryway & Living room

❶ 客厅将休闲区和工作区结合起来

因为工作需要，完整的墙面给了双人工作区，沙发便居中摆放。大地毯划分出了休闲的空间，也给微水泥地面增添了一些柔软感。亚克力透明茶几保证了空间的通透感。

❷ 难以利用的角落用灯光来填补

柱子旁装上了细长的吊灯。吊灯通过钉子悬挂在天花上，实际是通过墙面的插座通电。

❸ 利用楼梯下方的空间，打造入户储物区

进门处做了一个换鞋凳和鞋柜的组合，换鞋凳上方做了洞洞板的形式，可以根据生活需要挂包和钥匙，以及遛狗绳。楼梯下面做了一整排的高柜，用来存放鞋子和外套，靠下部分不完全封闭，做了便于透气的抽缝。

❹ 窗边做玻璃挑空，增加采光

将阳台上方的部分天花板替换成玻璃，进而创造了一个室内天窗。不仅在层高有限的情况下延伸了空间，也让整个客厅更加明亮。

❺ 用书架填补墙面阴角

沙发背后的阴角难以利用，可以放置一个书架将墙面拉平，定制的不锈钢书架简单实用。

❻ 显示器上墙后，书桌窄一点也够用

受限于客厅空间，书桌的深度仅为45 cm。显示器上墙后即可释放桌面空间，放键盘、纸、笔都毫无问题。

餐厅和厨房

既是餐厅，也是厨房，
细节里藏着优雅空间的秘密。

Dining room & Kitchen

❶ 餐厅和厨房互借空间

开放式厨房与餐桌共享过道，做饭的时候
将椅子收进餐桌里就可变为过道，这样的
布局方法缓解了空间的局促感。

❷ 看似普通的墙面，实则暗藏大锅炉

暖气有巨大的锅炉，正常的吊柜都装不下，
于是设计师在厨房定做了一组高柜，上半
部分藏锅炉，下半部分储物。厨房一侧还
定制了开孔的洞洞板，既能散热，又能挂
物，还方便用电。

❸❹ 以搁板做腰线，既能储物，也能防溅

搁板上摆放着餐具和调料，为了做到最简
洁，刷漆之前就在墙面开槽插入钢板。瓷
砖纵向只铺了两层，更有透气感。

卫生间

**用独特的材质密密铺陈，
打造有迷人光影的卫生间。**

Bathroom

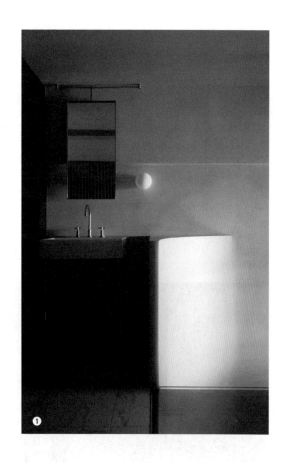

❶ 洗漱台外移，巧用造型化解梁柱问题

主卫空间不大，为了实现干湿分离，设计师将
洗漱台完全外移，同时在一旁衣柜的侧边做了
开放格，用来收纳洗漱用品。镜子采用悬挂的
方式，巧妙避开了大梁。

❷ 采光不佳的区域做成衣帽间

洗漱台旁采光较差，因此改成了衣帽间。隔壁
就是洗衣区，洗烘好的衣服可以直接收纳进柜。
衣帽间没有装门，让整个二楼看起来宽敞很多。

❸ 瓷砖墙地一体，扩大空间感

墙地砖使用仿大理石纹的瓷砖，瓷砖花纹的拼
接力求衔接自然。湿区外是洗衣区，并做了铜
材质的竖条造型隔断。

主卧

**以橙黄色调为主的
复古静谧卧室，
增添一点白色和蓝色就很
出彩。**

Master bedroom

❶ **用橙黄色和蓝调营造复古优雅的氛围**

主卧使用了木百叶窗帘、田字拼地板、双开
木门等复古的元素。地台床让层高偏低的卧
室更显大。

❷ **衣柜**

L 形的衣柜，靠床一侧做了完整的门板，进
门右侧是开放格，用于挂隔夜衣物，房门
打开时能顺便遮挡凌乱，十分机智。柜子
样式的灵感来源于葡萄牙家居品牌"De La
Espada"。

❸ 床头

床头背景刷黄色、蓝色拼色墙，再点缀些
白色元素提亮。主卧床头的圆拱造型其实
是一扇门，后面藏了一个小小的杂物间。

❹ 吊灯

来自日本灯饰品牌"APROZ"。

❺ 门

主卧定做了双开门，玻璃选用了隐私度极
高的夹丝玻璃。

次卧

仅有一扇小窗的昏暗房间，
变身暖调、怀旧客房。

Secondary bedroom

❶❷ 用暖棕色调给次卧增添温暖感

次卧原本小得可怜，但在二楼平面布局打破重组过后，
不仅能放下衣柜、写字桌和床，中间还有空地余出。

住宅信息

资料

户型：两居室
面积：50 m²
地区：南京
施工：本地施工队
设计：居住者本人
施工时间：2018 年
装修用时：6 个月
装修费用：35 万元

使用建材

材质
地面、墙面：微水泥
卧室地面：木地板

供应商品牌
微水泥：Topciment
地板：书香门地

扫码看更多细节

一楼平面图

露台
客厅
餐厅
厨房
客卫
玄关

二楼平面图

主卧
杂物间
次卧
走廊
主卫
衣帽间

开 放 式 厨 房 的 9 种 做 法

① ② ③
④ ⑤ ⑥
⑦ ⑧ ⑨

① 打通客餐厅，做超大餐厨区
（居住者：兔牙萌）

② 柜子取代墙，兼做收纳和隔断
（居住者：拾点家居）

③ 餐桌靠吧台，忙碌时也能沟通
（居住者：mandydy 设计师：薄荷设计）

④ 吧台加上折叠窗，可开也可合
（居住者：安班长 设计师：良人一室空间设计）

⑤ 厨房做框不做门，打造日式餐厨区
（居住者：nemolilili）

⑥ 以吧台为隔断，融合中西厨
（居住者：Pansy 张晓波）

⑦ 推开玻璃门，厨房瞬间开放
（居住者：猫狗双全）

⑧ 墙上开道窗，可传菜，也可交流
（居住者：小暖时光）

⑨ 敲掉墙壁做吧台，操作台面更宽大
（居住者：萝卜树下）

全家人能
整天待在一起的家

居住者：抓胃
设计：小大建筑设计事务所

"

高档的、取之不尽的物品，
并不一定能带来富足的生活，
只有纯粹地去寻找自己认为舒适的物品，
家才会自然而然成地为一个惬意的空间。

"

◎宽阔的长方形客餐厨区是一家人每日活动的主要场所，
吊灯、椅子、花草给这个空间增添了许多柔和感。

◎ 抓胃家的沙发不靠墙，背后的空间刚好可以摆放多功能层架，既可以作为另一个座椅，又可以用来收纳书籍、杂物。

除了卧室之外，全是客厅，
这里既能实现家人共处，也能容纳朋友聚会

100 年房龄的老房子，如何承载年轻的一家三口的生活？
抓胃选择打通客餐厨，连出 40 m² 的敞亮空间，让一家人的日常发生在一起。

孩子将到学龄时，抓胃买下了这套位于上海人气地段的老公寓，公婆家也在附近，方便接送和照顾孩子。老房子建于 1920 年，但内部修缮完好、用料考究，只是陈旧的设计实在不符合一家人的生活习惯。

抓胃和丈夫都是摄影师，经常去日本旅行，他们自然而然地选择了日本著名建筑事务所——小大建筑设计事务所操刀自家住宅。除了私密的卧室和卫生间，其他空间全部打通，连成 40 m² 有余的客餐厨空间，并且通铺木地板，拆除吊顶，整体空间氛围令人神清气爽。

起居空间被全部打开，10 m 长的悬浮工作台沿窗而造。小绿植、手办、书籍、电脑看似散乱，实则有规律地排布，抓胃和先生在此并排而坐，各自工作。

一张大长桌将休闲区与餐厨区隔开。这张餐桌是抓胃一家待得最久的地方。餐桌宜用餐，宜书写画画，宜日常休闲，这里也是抓胃的"居心地"。

搬入新家后，一家人的生活方式也发生了巨大的变化。开放式的餐厨布局搭配开放式收纳，让甚少下厨的两人也慢慢爱上烹饪，抓胃甚至因此成了美食博主。每次做好菜，她都会走到器物墙前，认真挑选与之匹配的器物，这成为抓胃生活里的小确幸。

来玩的朋友也越来越多。聚会时，厨房并非一人的主场，每个人都可以轻松自如地进出餐厨，去到冰箱自在地挑选饮料、食物，没有殷勤地招待，大家聚集在此一起享乐。

这是个极致简单的家，简单到只有 3 个房间，也是个极致讲究的家，舒适和美的秘密，都藏在了装修的细节里。

玄关和走廊

玄关大门充满历史感，
以矮柜为界区分动静区。

Entryway & Corridor

◎保留拥有 80 多年历史的古董大门

这是公寓原来的入户门，门上有小窗、猫眼和投信口，原先门是暗红色的，装修时刷
成了黑色。

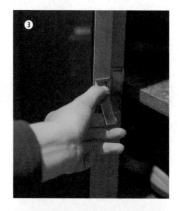

❶ 用下沉的水泥地面做落尘区

玄关没有做地暖，留出一片水泥地面，涂了七八遍 3M 硬光蜡后，呈现出漂亮的亚光质地，也不会起尘。

❷ 鞋柜细节考虑周到

网络箱和电箱都藏在鞋柜里，工人在玄关就能操作，无须换鞋。内部用欧松板打出框架，并安装了可以做穿衣镜的镜面柜门。

❸ 将把手隐藏在柜子一侧

将柜门做成镜面，作为穿衣镜来使用。但镜面难以装把手，于是在柜子一侧装了按压式把手，搭配推拉柜门正合适。

❹ 木制挂钩契合家人使用习惯

中间两个 MUJI 挂钩钉得较低，小朋友也能轻松使用。上方的木横条也来自 MUJI，放着出门时容易忘带的墨镜。

❺ 用矮柜做空间隔断

进门后，矮柜无形中暗示动线，划分出公共空间和私密空间：左侧是完全开放的起居空间，右侧是完整的墙面，内嵌两扇通往主卧和儿童房的隐形门。

❻ 侧墙内藏着两扇隐形门

走廊用欧松板统一墙面材质，刷上清漆后可以反射光线，也让空间的质感显得更丰富。走廊处的矮柜既能储物，也可闲坐，尽头则是卧室的隐形门。

客厅和餐厅

打通所有隔墙，
做 40 m² 大客厅，
起居、办公、娱乐
都待在一起

Living room & Dining room

❶ 开放式公共空间 + 无吊顶，餐厅极度开阔

在无吊顶的情况下，房子的层高有 3.7 m。餐桌位于客厅正中间，承载着一家人的日常活动。在房间边缘做了射灯，房间中心采用传统的吊灯照明。所有的电线都明走。

❷ 窗边做悬浮长桌，作为工作学习区

沿着窗定制了 10 m 长的桌板。由于客厅形状不规整，这个桌板特意做得两头窄、中间宽。它的主要作用是把这个不规则的客厅变成一个在视觉上规整的空间。

❸ 地板延伸上墙成为背景

沙发区没有固定家具，移开沙发，一家人即可尽情玩体感游戏。电视背景墙上铺满地板，让延展的视线有稳定的聚焦区，墙上的鲤鱼旗则是点睛之笔。

❹ 绿植给原木色的家增加色彩

工作台两头较窄的地方摆放了一些绿植，增添家的生机。

❺ 搁板用来收纳心爱的小物

通过将固定件内置在墙里，安装无支架的搁板，用来放置杯子、茶器等收藏品，日常有被心爱小物环绕的感觉。

厨房

占据住宅中心的开放式大厨房，供一家人自如使用。

Kitcken

❶ **开放式厨房和收纳，物件摆放一目了然**

橱柜采用定制框架再贴皮的方式制作，烟机、管道、燃气表都被藏进吊柜里，清爽干净。小白砖与吊柜顶部齐平，也让上方空间更透气。台面是不锈钢面板，没有缝隙和凹槽，打扫起来十分方便。

❷ **台面和龙头没有缝隙，污垢无处可藏**

不锈钢台面与水槽一体成型，杜绝了藏污纳垢的可能。龙头来自高仪，只要用手触碰龙头顶端即可出水。没有了传统的把手，便无须担心把手缝隙里的水垢和细菌。

❸ 将白色储物柜融入墙体

厨房角落里有一段承重墙，设计师用纯白色的柜子拉平墙体，既让空间整体协调统一，又增加了收纳空间。

❹ 小推车充当活动酒柜

使用带轮子的小推车收纳杯子和饮料，朋友来家里时可以自由选择喜欢的杯子使用。

❺ 橱柜集成多种功能，藏起生活气息

橱柜内嵌了垃圾桶，可以让厨房保持干净、无异味。长达 3.2 m 的岛台能藏下洗衣机、烘干机、洗碗机、烤箱等设备。

水槽吊灯：必尼斯

卫生间

**面积不大的卫生间，
充满复古气息。**

Bathroom

❶❷ 充满复古气息的卫生间

卫生间刷了绿色墙漆，与室外绿意相呼应。
绿色艺术涂料，有漂亮复古的纹理。

住宅信息

资料

户型：两居室
面积：120 m²
地区：上海
设计：小大建筑设计事务所
施工时间：2017 年
装修用时：5 个月
装修费用：40 万元

使用建材

材质
地板：实木地板
电视墙：实木地板
走廊墙面：欧松板
客厅墙面：白色乳胶漆
浴室墙漆：灰泥
橱柜：多层板贴皮
鞋柜：柜内欧松板，柜门镜面多层板

供应商品牌
地板：宅匠
灰泥：佐敦

扫码看更多细节

户型平面图

抓胃家
9 个 迷 人 的 装 饰 小 细 节

① ② ③
④ ⑤ ⑥
⑦ ⑧ ⑨

① 落地灯
（品牌：宜家）

② 落地灯
（品牌：Akari）

③ 卡夹灯
（品牌：HAY）

④ 和纸鲤鱼旗
（品牌：Beams Japan　产地：东京）

⑤ 花器

⑥ 猫头鹰玩偶

⑦ 实木层架
（品牌：supermooi）

⑧ 鲤鱼旗
（来自东京跳蚤市场）

⑨ 浴室挂画
（来自画家 Alenka Karabanova）

◎装修前的老房子阳台门很小，装修时设计师特地把阳台和客厅打通，客厅变得明亮又宽敞。

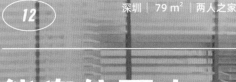

12

能兜住两人
所有趣味的家

居住者：白蛋 Sparta（以下简称"白蛋"）
设计师：荷西 -Tam（以下简称"荷西"）

"

这个家既有强大的收纳能力，
能满足日用品的收纳需求，
又有温馨的家庭氛围，
让我回到家就能够全身心放松下来。

"

◎ 原本的户型结构里并没有玄关部分，通过柜子，也能实现鞋柜、全身镜、挂架一个不落。

在阳台做室内花池，在书房烤面包，
为了生活，不拘一格地改造家

新家有 79 m²，两人生活绰绰有余，只是 20 世纪 80 年代建造的老房，早已不能满足需求。
装修后的家全屋木色调，不留多余的卧室，恰能满足小两口的生活需求。
在这个家里，生活的样子最重要。

　　白蛋和熊是一对 95 后夫妻，身为公务员的两人，与深圳这座城市产生了密切的联结。一年前，他们买下人生中第一套房子，在这个南方新城安了家。

　　这是一套 20 世纪 80 年代的二手房，白蛋邀请了设计师荷西对房子进行改造。选择荷西的原因很简单，仅仅因为看到了他一条半夜心血来潮做美食的朋友圈，一下子便好感度倍增。"因为对美食拥有热情的人，内心一定是有温度的，他设计的家一定是人性化的、温暖的。"

　　房子不大，只有 79 m²，被设计得很可爱，很有生活感，可以兜住两人一猫的快乐。

　　在客厅可以撸猫、玩电子游戏，席地而坐，两人在这里可以一起度过轻松快乐的周末。午后，柔和的光透过木质百叶窗进入室内，照亮花池、地板，打通的阳台带给客厅明亮感。继续往餐厅这边走，轻松快乐变成了嗅觉、听觉、视觉的三重奏。

　　因为两人讨厌独自做饭的感觉，所以中厨必须做成开放式的；西厨不能只是西厨，还要有个大书桌，让同时热爱烘焙和水彩的白蛋拥有足够的发挥空间。闻着烤面包的味道轻挥画笔，冲一杯咖啡，再放上喜欢的音乐，两人自在相处，猫咪已经呼噜呼噜睡着了。

　　夜幕降临，餐厅里一盏暖光灯、一张小圆桌，圆桌白色的棉麻桌布上，芍药开得正好。两人围坐于此，生活日复一日。

　　"家是什么？是在 30℃的夏夜和朋友一起玩耍的每个欢乐夜晚；是在需要抚慰的深夜一碗热乎乎的 60℃的汤面；也可以是烤蛋糕的 160℃的甜蜜，秒变咖啡厅。"

　　为两人量身设计的家，也不负众望地饱含家的温度。

客厅和玄关

**无中生有小玄关，
侧开柜门解决收纳难题。**

Living room & Entryway

❶ 超大储物柜采用分区设计，满足多种需求

书柜部分做得浅一些，能让厚重的柜子变轻薄，为了不浪费空间，背后还藏着储物空间。圆洞是猫厕所的位置。

❷ 储物柜侧边也能打开，瞬间变身玄关柜

储物柜正对着大门的地方做了门板，内嵌宜家抽拉鞋架，放 12 双成人鞋绰绰有余。

❸ 客厅角落做花池，生命力满分

花池内涂防水漆，有地漏，隐藏了一个出水口。底部铺好火山石，再堆上营养土即可。墙面刷灰泥涂料，粗犷且有质朴感。旁边的木制百叶帘用来调节光影。

❹ 不放茶几的客厅更实用

客厅储物柜上方暗藏对角线为 100 英寸的大幕布，沙发上方装了投影仪。一起玩电子游戏成为夫妻俩的日常。

❺ 洗衣机嵌入储物柜，解放阳台

提前做好管线的隐藏工作，柜体和洗衣机的深度基本一致，机器颜色和柜门颜色统一为白色，这三点让洗衣机即使外露也不破坏整体感。

置物层架：MUJI

厨房

利用层架打造 U 形厨房，空间虽小，却暗藏好用的细节。

Kitcheu

❶ 用置物架和搁板创造出 U 形动线

拆掉了右侧原本的厚墙，新砌薄墙，厨房增加了约 15 cm 宽的空间，整体面积变为 3.2 m²。墙面上安装搁板收纳调料，下方则用开放置物架放置小家电，弥补收纳的不足。

❷ 定做开放式厨房，相互陪伴

为了在做饭时也能有所交流，设计师没有安装厨房门。只要抽油烟机的风力足够，油烟并不是问题。

❸ 巧妙开窗，充分利用窗台空间

窗户下部用玻璃固定，上方做悬开窗，这样窗台可以用来种些可食用的香料。

❹ 高低台设计符合人体工学

炒菜的区域略低于操作台和台盆区，这样掂锅的时候就不需过分抬高手臂，炒菜更加顺手。

❺ 安装下拉篮，充分利用高处的空间

橱柜只有 40 cm 宽，装上下拉篮，放置小调料十分方便。

❻ 燃气灶带有烤炉功能

从网上购买的日式燃气灶带有一个明火小烤炉，可以在炒菜的时候烤鱼、烤蔬菜。

❼ 使用超高垃圾桶

垃圾桶与层架齐高，将层架作为操作台使用时，可以直接将厨余垃圾扫进垃圾桶。

拉篮：凯斯宝马
燃气灶：能率

餐厅、西厨和书房

以圆桌为动线中心，西厨、书房、洗漱台依次布局。

Dining & Baking & Work area

❶ 在餐厅摆放圆桌，形成流畅的动线

餐厅是家里的"交通枢纽中心"，居中摆放直径为 1.2 m 的圆桌，既方便四周动线，又能同时容纳 10 人用餐。

❷❸ 把洗漱区外移到餐厅

把洗漱区外移方便用餐前后的洗漱。镜柜里收纳着洗漱用品，并不显杂乱。旁边的柜子作为玄关收纳的补充，装满杂物。

④⑤ 将餐厅一侧的卧室改成西厨区

西厨区在餐厅的一侧，是做烘焙的"主战场"。橱柜内嵌了台盆和烤箱，最内侧定制了胡桃木长桌作为工作区，平时一边烤面包，一边坐着画画，再来点音乐，在这里可以尽情享受嗅觉、听觉、视觉三重奏。

⑥ 保留一半房间面积做榻榻米房

柜子、门和天花分别找师傅制作。榻榻米既有储物功能，也能在朋友留宿时承担床铺的功能。

卧室

**不同寻常的双开门设计，
兼具仪式感和功能性。**

Bedroom

❶❷ 在卧室也可以享受投影带来的乐趣

客厅后的方正空间是卧室，双开门设计让视野够开阔，床头正对着幕布，
角度完美，在卧室里也可以享受客厅投影的快乐。

住宅信息

资料

户型：两居室
面积：79 m²
地区：深圳
设计：荷西 -Tam
施工：本地施工队
施工时间：2019 年
装修用时：6 个月
装修费用：35 万元

使用建材

材质

地面：木纹砖
客厅墙面：白色乳胶漆
阳台墙面：灰泥
卧室墙面：灰泥
窗帘：木百叶
橱柜：实木颗粒板
电视柜：实木颗粒板

供应商品牌

乳胶漆：都芳
灰泥：泰斯特
橱柜和电视柜：青柠檬家居

扫码看更多细节

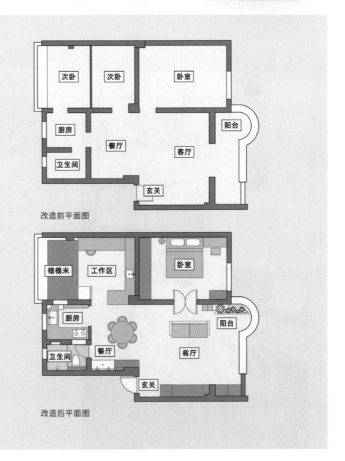

改造前平面图

改造后平面图

9 个也用圆桌的家

① ② ③

④ ⑤ ⑥

⑦ ⑧ ⑨

① 居住者：moniiiiii
（品牌：北欧之巢）

② 居住者：卯小丁
（品牌：二黑木作）

③ 居住者：夏羊 xh
（品牌：乙舟筑物集）

④ 居住者：陈小浪 Alain
（品牌：ZARA HOME）

⑤ 居住者：蓝谋乱
（中古郁金香桌）

⑥ 居住者：白白白栗子
（品牌：宜家）

⑦ 居住者：阿莫玲
（品牌：HAY）

⑧ 居住者：又右
（品牌：树的去向）

⑨ 居住者：Summer_°
（品牌：艾黛家居）

○ 客厅是家庭的核心区，吃饭、聊天、发呆，几乎都发生在这里。

13

入住后
逐渐变美的家

居住者：短波台

> 经历了竭力堆砌与大力删减，
> 家最终呈现出令我久处不厌的气质，
> 并在继续"生长"——人、猫、植物、家具与饰品，都是。

◎ 走廊尽头是家里唯一的彩色墙，也是一进
家门看到的角落。配合墙色，搭配以蓝色为
主调的装饰画。

有烟火气的文艺风格，
家是充满"小心机"的博物馆

普普通通的 93 m² 住宅，户型也是最周正的那一款，
但是满屋琳琅的小物件，却都悄悄透露着主人丰富迷人的内心。

短波台已经在这间公寓住了五年。五年前，她在别的城市读书，父母负责房子的硬装，短波台偶尔通过视频看看进度，大家一起尽力装好了现在的家：不做复杂的吊顶，不做电视背景墙，不打柜子，颜色尽量只用黑白灰。成果虽有遗憾，她却很珍惜。

刚搬进来的时候时间很急，只用一天时间就在宜家买完全部家具。运回家装完后，问题一个接一个冒出来：床垫太高了，餐桌太大了，格子柜用来装书太深了……

接下来的几年她独自居住，时不时挪动家具位置或添置单品，却始终没有勇气更换大件家具。

直至去年，男朋友来了南京，两个人开始一起生活，才终于大刀阔斧地改造起来：换掉客厅的桌子、主卧的床，把常年闲置的次卧改成了储物间＋影音室＋健身房，将书房的书全都搬上了墙，用旧衣柜的门做杂志架，给丑丑的防盗门喷了新颜色，还自己动手刷了墙裙……

身为翻译，短波台对文字和图像都很敏感。慢慢地，家里也染上了文学的气质。在小盆栽的背后放上一幅棕榈树的插画，仿佛这才是它的真身；在床尾摆放一棵橄榄树，让它成为家中的日晷，以树影报时……家中处处充满隐喻的妙想。

慢慢地，这间公寓贴上了个人的标签，大到沙发、餐桌，小至装饰画、杯子，都有意义。

以前的她，希望一切完美无瑕，墙上连钉子都不肯打，只怕以后会有变更，现在心态放松了很多。比如家里的木地板很不耐磨，以前她总是担心移动家具或花瓶砸落会留下凹痕。如今她看着工作椅的滚轮在地板上磨出的划痕，觉得还挺迷人的。

大概是生命中有了越多的遗憾，就越能接受并欣赏生活的真实面貌。

她说："也许有一天我会离开这里，但家永远是'将来我逃出的地方，也是我现在眼泪归去的方向。'"

客厅和阳台

**玻璃圆桌放大空间，
长排矮柜收纳大部分书籍。**

Living room & Balcony

从旧物市场淘来的老玻璃罐

猎豹造型的洒水壶

镜子反射出不同的风景

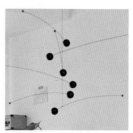
平衡挂饰随风舞动

❶ 把客厅打造成家庭核心区

家里没有单独的餐厅，客厅同时扮演着餐厅的角色，吃饭、聊天、发呆，几乎都发生在这里。直径 1 m 的玻璃餐桌，让客厅显得很通透。

❷ 高低错落的罗马帘好看又遮丑

隐藏式窗帘盒里安装了轨道，轨道上挂着 80 cm 宽的宜家罗马帘，帘子的材质类似麻，十分清爽。平时放下来一半，就可以遮挡晾晒的衣服。

❸ 靠墙摆放简约灵活的毕利书柜

4 个 80 cm 宽的宜家毕利书柜一字排开，可以收纳家里大部分的书籍。层高可以灵活调节，收纳大开本的影集、画册也没问题。

❹ 沙发旁用杂志架收纳书籍

金属杂志架造型独特，画册一类的书籍随手摆放在上面，就是很好的装饰。

罗马帘：宜家

书房

定制门牌营造仪式感，
壁挂书架系统给书房扩容。

Work area

① 使用 L 形壁挂书架系统节省空间

书架：Vitsoe
收纳箱：霜山

壁挂书架组合灵活，还能将书桌嵌入其中，节约了不少空间。底部的一排白色收
纳盒收纳了不少杂物，存在感不高，还能移出来当凳子使用。

❷ 在书房门口挂上门牌
将网上购买的门牌挂在书房门口，自己打孔就可以装好。

❸ 自制装饰画
用读书时的戏票、车票、展览票自制一幅装饰画，每次看到，都会想起从前的美好时光。

❹ 博尔赫斯装饰画
画芯是上海译文出版社的书籍海报。

小推车：Zara Home

❺ 金属小推车用来收纳杂物
金属小推车可以放置男友的杂物，也能收纳自己的画具。

❻ 中古风杂志架
矮小的架子用来收纳暂时不用的挂画，一切都刚刚好。

❶❷ 铸铝凳子上墙做床头架

铸铝凳子不落地的造型简洁耐看，不
用的时候可以往上翻。下面塞了一只
行李箱，可用来收纳杂物。

❸ 窗前挂着玻璃画

天气好的时候，阳光穿过玻璃画，在
床头投下漂亮的光影。

❹❺ 在通风采光处摆放一棵橄榄树

橄榄树成了主卧的日晷，凭树影就能
判断时间。

❻❼ 孟菲斯挂钩取代落地衣架

主卧门口原本摆放着落地衣架，后来换成了多头挂钩，经典、好看，
也够用，避免了落地衣架阻挡扫地机的问题。

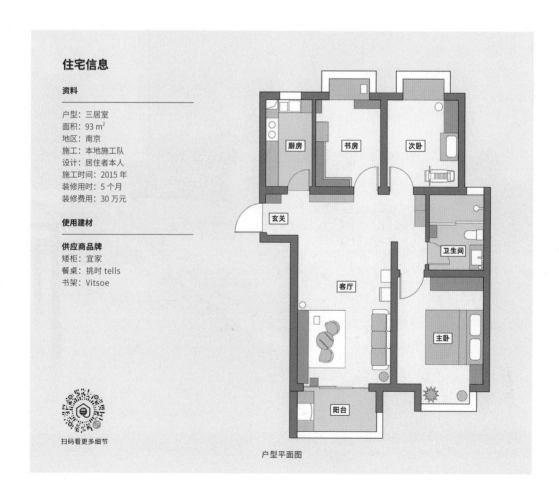

住宅信息

资料

户型：三居室
面积：93 m²
地区：南京
施工：本地施工队
设计：居住者本人
施工时间：2015 年
装修用时：5 个月
装修费用：30 万元

使用建材

供应商品牌

矮柜：宜家
餐桌：挑时 tells
书架：Vitsoe

扫码看更多细节

户型平面图

（厨房　书房　次卧　玄关　卫生间　客厅　主卧　阳台）

伴随孩子
一起长大的家

居住者： **Yimo 的小泡馍**（以下简称"Yimo"）
设计师： **图图建筑设计工作室**

"

地台、树屋、小厨房，送给小泡泡。
大落地窗带来的温暖阳光，送给小魔兽。
愿你俩无忧无虑、平安喜乐、茁壮成长。

"

◎ Yimo 家的客厅设计得十分简洁，方便一家人活动、嬉戏，连茶几都干脆用孩子的游戏桌代替。

◎原户型没有玄关，设计师通过定制双排收纳柜实现了独立玄关的布局。鞋柜宽 120 cm，深 70 cm，还做了侧拉柜作为补充收纳。

我们家有小树屋，
你要来玩吗？

三口之家，有娃有狗，
置换住房后，一家人搬进了 130 m² 的大房子，
新家的阳台有大树屋，走廊暗藏"小人国"，
谁说童趣与实用不可兼得？

Yimo 选设计师时的要求很有趣：女设计师，生过孩子，养过狗，聊得来。因为家里有两个孩子：三岁半的女儿"小泡泡"和一只当儿子疼的小柯基"小魔兽"。

如果经历相同，那么有些需求自能意会，比如在玄关处留出位置做宠物围栏，客厅茶几不能有棱角，避免磕碰到小朋友等。当然，还有 Yimo 和设计师一拍即合的阳台树屋，是小泡泡最喜欢的角落。

小泡泡在幼儿园最常说的一句话是："我们家有小树屋，你要来玩吗？"结果就是，来到树屋的小伙伴们，最后都是被父母拽走的。

没有小朋友作客时，小泡泡就自己玩过家家。厨房里爸爸在做饭，树屋里女儿也在"下厨"，为此，Yimo 还为女儿配备了围裙和套袖。设计师突发奇想在树屋侧面开的窗洞，成了小泡泡过家家游戏时的"外卖取餐处"。

树屋上层是女儿的迷你图书馆，最喜欢的书一定要躲在树屋里，让爸爸念给她听。

孩子大了后，树屋岂不是会闲置？Yimo 完全不担心。一方面，抬高 30 cm 的地台，收纳功能强大；另一方面，她自己也常常钻进树屋里玩。"树屋的设计是可以使用十几年的。"这种童趣和实用并存的设计，在 Yimo 的家里并不少见。

客厅布置得很简单，释放出更多的空间供家人玩乐，小朋友甚至可以在家骑自行车，一家人也可席地而坐。中岛虽是大人们的地盘，但小泡泡也能加入进来。端午节，家人一起包粽子时，小泡泡也参与其中，且动作甚是娴熟，可谓是得力干将。

相信童年时光里这些珍贵的瞬间，定会成为最好的养分，滋养小泡泡茁壮成长。

客厅和阳台

墙里藏着电视机和大书柜，阳台树屋是孩子的小天地。

Living room & Balcony

❶ 在客厅做出小屋造型

客厅的整体设计以小朋友的玩乐需求为主，用小朋友的游戏桌取代茶几，垭口部分也做成房子造型，提升趣味性。

❷❸ 两扇移门随时遮住电视机

原木色移门可以往中间移动遮住电视机，这时就露出两边的大书柜。旁边手办区域做了玻璃柜门和灯带，有效防尘、防破坏。

❹ 将阳台打造成孩子的专属树屋

阳台一侧是小朋友的专属树屋，下层高度有 1.1 m，上层高度为 1.35 m，还有与客厅交流的窗洞。阳台其余部分抬高 30 cm 做成收纳地台，14 个收纳格容量巨大。

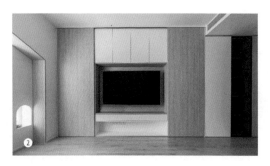

餐厨区

**中岛完美衔接中西厨，
打造容纳全家人活动的
开放式厨房。**

Kitchen & Dining room

❶

❶ 以中岛和餐桌为中心，打造开放式餐厨空间

中岛的左侧是中厨区，承担炒菜的功能；右侧餐边柜集成
了蒸烤箱，承担烘焙的功能。长 1.8 m 的岩板餐桌，不易
挂污，平时还能在上面揉面、擀面。

五金：百隆

❷ 中厨区

中厨区采用了日式燃气灶，有定时和烧烤功能。

❸ 餐边柜

餐边柜集成了西厨设备和大量收纳空间，台面上方的开放式层架可以随手放些好看的小杯子。

❹ 岛台

岛台内嵌宜家乌斯塔拉篮，用来存放不适合放入冰箱的根茎类蔬果。

❺ 餐桌

餐桌和厨房全部的台面都选择了岩板，硬度高，也不易脏。

❻ 通体大高柜收纳杂物和零食

高柜上面用搁板收纳囤货，下面用 6 个大抽屉收纳食物，整洁的同时，取用方便。

卫生间和卧室

尽力分离出双卫生间，
全屋只保留一个浴室就够用。

Bathroom & Bedroom

墙面：丽彩
地面：东理
扶手：TOTO
花洒：KVK
台面：杜邦可丽耐
收纳架：懒角落

❶❷ 把夜灯做成森林小屋的造型

卧室和客卫之间设置的小夜灯模拟了
森林小屋的意境。小屋里的台灯不带
电，通过迷你射灯的照射达到开灯
效果。

❸ 通长台盆搭配双龙头，3 人同时使用也不挤

台盆的尺寸为 148 cm×48 cm（宽 ×
深），四周留了 10 cm 台面，台盆内
部做了 15° 斜面，便于排水。装上抽
拉龙头，洗头也很便利。

❹ 模仿日式整体浴室，打造舒适的淋浴空间

受限于安装条件，无法放置日式整体浴
室，因此设计师用日本进口建材亲自
做了一个。墙面用 7 块浴室墙板拼成，
地面铺整块浴室卷材地板，置物台运用
杜邦材质，四周打胶。

台盆：杜邦
龙头：KVK

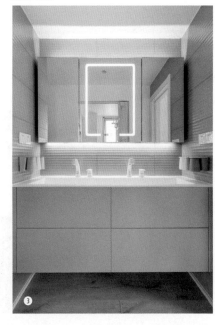

❺ 独立卫生间虽小，但功能齐全

主卫为暗卫，面积狭小，无自然光。为了提高舒适度，特别装了浴霸，冬天取暖，夏天吹凉。迷你水池方便洗手。纸巾架旁的小盒子里还贴心地放上了湿巾、卫生纸等日用品。

❻ 更衣区外置，换衣、洗衣动线流畅

干区位于浴室外，铺设了卷材地板。右侧做了深60 cm 的壁龛，刚好用来叠放洗衣机、烘干机。

迷你洗手池：松下　　　　　地面：山月

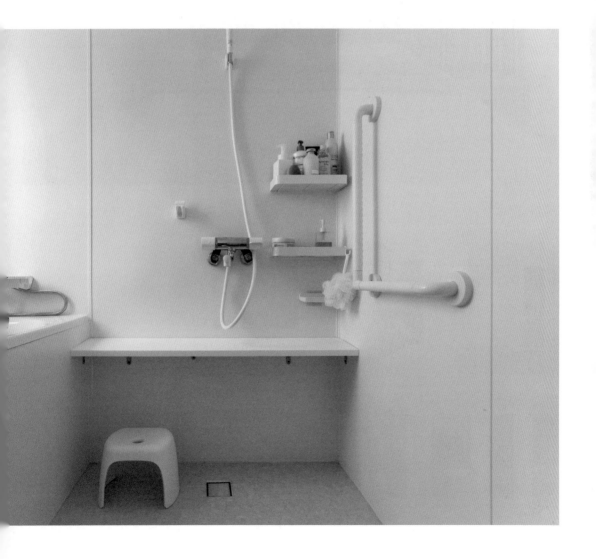

关闭时的土星灯并不引人注目，
但夜晚打开时别有一番温柔。

❶ 减少主卧面积实现卫生间四分离

主卫和客卫的换衣区占据卧室不少面积，目前的卧室仅保留了简单的睡眠功能，将空间利用到了极致。

❷❸ 嵌入式衣橱充分利用墙面空间

衣柜最左侧是隔夜衣物收纳空间，中间的大衣柜采用了折叠门搭配铂耐的模块化衣架设计，右侧留空做成书桌。

❹❺ 主卫保留了洗漱台和坐便器区

主卫虽然是暗卫，但安装长虹玻璃门后，可以借主卧的光，不开灯也很亮。

住宅信息

资料

户型：三居室
面积：130 m²
地区：上海
设计：图图建筑设计工作室
施工时间：2020 年
装修用时：7 个月
装修费用：75 万元

使用建材

材质
地板：强化木地板
台盆：亚克力一体盆
浴室和马桶间地面：PVC 地板卷材
浴室墙面：PVC 墙面卷材
马桶间墙面：防潮壁纸

供应商品牌
地板：爱格
台盆：杜邦
浴室地面卷材：东理
马桶间地面卷材：山月
墙面卷材：丽彩

扫码看更多细节

改造前平面图

改造后平面图

◎ 工作区也是家庭图书馆，摆放着友理多次从日本背回来的原版漫画书。

15

拥有五千册藏书
和两千个手办的家

居住者：XJWwww（友理）
设计师：大连不作设计

"

想要职住一体的空间，
能够自由安排工作和生活，
生活和工作，
可以不分开。

"

◎定制的长桌内做了三个大大的薄抽屉，配合收纳盒，能够收纳不少小物件。

◎玄关左手边做成了画廊，用来展示友理收藏多年的原画，有喜欢的漫画家的亲笔签名画，有毕业时日本老师、同学画的色纸……珍贵的回忆都陈列在这里。

客厅变成极度舒适的工作区，
这里是生活和工作融合的理想之地

一套 90 m² 的普通住宅，
承载着 90 后漫画家职住一体的梦想。
通过巧妙的户型规划和收纳改造，
她离梦想只有一步之遥。

1992 年出生的漫画家友理，在开始远赴日本长达 5 年的留学生活之前，买下了这套位于大连的 90 m² 住宅。回国之后，装修也提上议程。房子原来是普通的三室一厅格局，虽然规整，但和自己的居住习惯毫不相符。

在日本的 5 年，是她真正意义上第一次独立生活。她逐渐习惯了日式住宅，身处其中，给她一种静下心来享受生活的感觉。而且日式小房子五脏俱全，既简洁又有极强的收纳功能，很符合她的生活习惯。

新家装修时，她以在日本租房时期的照片为蓝本，邀请不作设计团队对房子进行改造。她坚持四分离卫浴，并从日本订购建材，力求一切都还原以前的生活印记。虽然现在自己还在公司上班，但她期待着未来可以在家里办公，因此房子必须是"职住一体"的。

首要改造的是格局，将三室改为两室后，她拥有了图书馆级别的客厅，收藏着她这些年来买入的书籍。友理从小就喜欢漫画，小时候的零用钱都会省下来买漫画书。近五千本的书籍，

按照作者、品类，甚至世界观、价值观来分类。被连绵书柜包围着的是一张多功能大长桌，只要在这里坐定，友理可以从早忙到晚，并乐在其中。

画廊也是友理装修前就坚持要拥有的。这个区域展示着她收藏多年的原画，有喜欢的漫画家亲笔签名的画，有毕业时日本老师、同学画的色纸，每一幅都是当年求学时光的回忆。手办也是家里的一大特色，作为独生子女，友理小时候很想养宠物，但是没有机会，于是那些各式各样的公仔、手办便成了她的伙伴。书房的收纳柜里展示了上千个手办。主卧的拉帘后，也塞满了公仔，睡在其中，友理能感受到陪伴的幸福感。

友理形容自己有"仓鼠癖"，即像仓鼠一样爱囤东西，喜欢的东西就想入手，囤货和预备一些必需品能让她充满安全感。设计完全依着自己的生活习惯，物品也全是心爱之物，希望有一天友理能真正成为自由职业者，那时她就能够在自己的理想家里，一边工作，一边生活。

工作区和休闲区

被书籍和手办包围，
一半是工作，一半是休闲。

Work area & Relax area

❶ 客厅变身图书馆，收纳海量漫画书

L 形的书架包围着工作区。书很重，书架每格又很长，因此设计师选择了厚度达 25 mm 的层板，可以防止书架变形。

❷ 抬升地面做地台，分隔出休闲区

工作区旁的地台高 15 cm，这样设计更有休息的仪式感，朋友来了也可以在此留宿。同时，留出了从休闲区去餐厅的通道，动线十分通畅。手办柜使用透亮的玻璃柜门，让珍爱的收藏品可以充分展示出来。竖向灯条不仅能提供柔和的灯光，也让柜子显得更加高挑。

❸ 巧妙地将长桌分为不同的工作区

工作台是 2.4 m×1 m 的红橡木长桌，同时定制了等长的显示器增高架，将长桌分隔为电脑区、绘图区、阅读区和手账区。

❹ 工作台上定制的收纳盒

用增高台下方定制的亚克力盒子收纳小物件。一些画画时用到的人体模型都装在这里，随时可以拿出来参考。

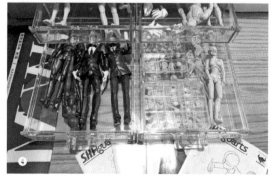

①

餐厅和厨房

"白盒子""木盒子"
围成小餐厅，
空间不大，却收纳满满。

Dining room & Kitchen

②

③

❶ 餐厅卡座、洗漱区连成一体

因为家里的东西比较多，设计师干脆将餐厅、储物柜、洗漱区连接起来，打造成一个"木盒子"，杂物也能都收纳进柜子里。

❷❸ 在餐桌对面做电视墙，吃饭时也可以快乐追剧

白色的电视墙不仅不会给空间带来过多压抑感，还能藏下大量的储物空间。电视柜与玄关画廊连成一体，是与"木盒子"相呼应的"白盒子"。

❹ 电视柜侧边做抽屉，补充厨房收纳

面向厨房一侧的柜子做了 3 个抽拉式层板，用来放
微波炉、电饭煲等小家电。使用电饭煲时抽出层板
即可，不用担心掀开盖子时层高不够。

❺❻ 在奶白色小厨房中做了磁性墙面

厨房墙面使用了白色钢化玻璃，并贴上了一层磁底，
可以吸附上一层软白板。平时不仅可以写写画画，
还能吸附磁性收纳架。软白板用旧之后可随时更换。

磁力贴：霜山、亿小盒

卫生间

"外移洗漱区 + 独立卫生间"，四分离式卫浴消除独立卫生间带来的压力。

Bathroom

❶ 利用走廊的面积做洗漱区

将洗漱区从浴室里移出来，巧妙利用了原本鸡肋的走道面积。两侧的墙体并不平齐，但做了柜子之后完全看不出来。

❷ 鸡肋的墙体也被利用起来做收纳柜

洗漱台旁有个 70 mm 深的薄柜，内嵌 10 mm 超薄金属洞洞板，搭配 50 mm 长的挂钩，用来收纳小的清洁用品。

❸❹ 日式洗漱台解决化妆难题

镜柜的柜门可以拉到眼前，完美解决了化妆距离的问题。龙头品牌是日本三荣。毛巾杆是科逸整体浴室。

镜柜：TOTO

卧室

卧室的灵感来自酒店设计，壁挂收纳架用来摆放心爱的收藏品。

Bedroom

❶ 在卧室安装壁挂收纳架，放上心爱的公仔

有了衣帽间，卧室床尾的衣柜就可以改成藏品展示架，各种挂画、限量公仔、抱枕都可以放在这里。

❷ 用特制窗帘做"柜门"

展示架外明装超薄窗帘轨道，搭配高温定型两倍褶窗帘，形状硬挺好看，手感却很柔软。窗帘是特地找日本窗帘代工厂订购的，是日本家庭常用的款式。

❸ 在睡眠区做了低矮的地台床

受到无印良品酒店的启发，友理挑中了这张地台床。低矮的高度给人放松感，材质是白橡木。

衣帽间

藏在房间一角的衣帽间，
拉上门就能"消失"。

Walk-in closet

❶ 入口

收纳柜的一侧是水吧，另一侧则是衣帽间内的梳妆台。衣帽间内还藏着一扇隐形木纹门，平时将门关上，就能将衣帽间完美地隐藏起来。

❷ 挂衣区

衣帽间以挂衣为主，取放都十分方便。最深处做成了存包格，每个格子放 10 个包包也没有压力。

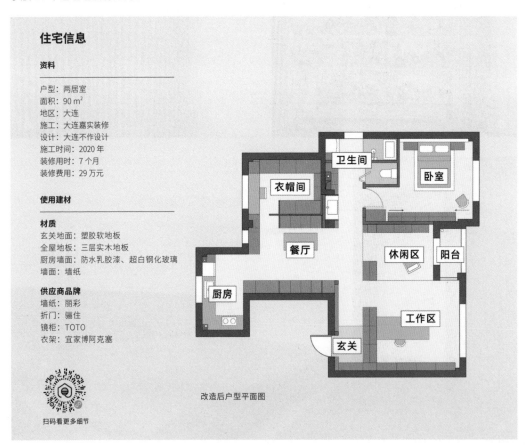

住宅信息

资料

户型：两居室
面积：90 m²
地区：大连
施工：大连嘉实装修
设计：大连不作设计
施工时间：2020 年
装修用时：7 个月
装修费用：29 万元

使用建材

材质
玄关地面：塑胶软地板
全屋地板：三层实木地板
厨房墙面：防水乳胶漆、超白钢化玻璃
墙面：墙纸

供应商品牌
墙纸：丽彩
折门：骊住
镜柜：TOTO
衣架：宜家博阿克塞

扫码看更多细节

卫生间

卧室

衣帽间

餐厅

休闲区

阳台

厨房

工作区

玄关

改造后户型平面图

9 个 充 满 智 慧 的 柜 内 设 计

① ② ③
④ ⑤ ⑥
⑦ ⑧ ⑨

① 榻榻米一侧收纳行李箱
（居住者：今夏何夏）

② 将投影仪藏在吊柜里
（设计师：漫山设计）

③ 飘窗柜中藏起强弱电箱和电线
（设计师：末那识室内设计）

④ 玄关侧用薄柜收纳拖鞋
（设计师：如壹设计工作室慈猛）

⑤ 电视柜抽屉收纳激光投影仪
（居住者：大包小包 Jimmy）

⑥ 柜子 + 洞洞板收纳杂物和椅子
（居住者：LIN-AT）

⑦ 衣柜一角嵌入滚轮式床头柜
（设计师：大海小燕）

⑧ 用铁艺框取代封闭抽屉，更透气
（居住者：看把钝刀忙的）

⑨ 衣柜转角深处使用可以拉出的裤架
（居住者：龙仔仔儿）

16

温州 ｜ 155 m² ｜ 三口之家

用原木打造
自然风格的家

居住者：c 饼妹 c（以下简称"饼妹"）

越发觉得除了硬装和必要的家具、家电，
有些东西完全可以在后期慢慢添加。
一方面缓解了装修经费的紧张，
另一方面在新家生活过之后，
更能明白家里需要些什么。

⊙ 客厅的飘窗足够大，变成了一个可以喝茶、看风景的灵活空间，
同时也是小朋友们聚集玩耍的小基地。

◎ 推拉门藏在墙体后面，平时完全打开，空间感十分宜人。

清新舒适的原木风，
在家日日都能享受度假的放松惬意

只因贪恋窗外的好风景，饼妹买下了这套低楼层的房子。
室内是原木家具，窗外有茂盛的大树。
在家的日子，都是在"度假"的好日子。

饼妹和丈夫、上小学的儿子，以及一只三岁多的猫咪，住在这个被原木围绕的家里。房子几乎由摄影师老公"一手包办"，以木质为主调，无处不透露着夏日的清爽感。

客厅窗外的树被窗框成了一幅画，任谁来到饼妹家，都会被这景致引去目光。单人沙发、亚麻垫、白色窗帘，夏日起风时，心也清清凉凉的，小朋友会钻进窗帘里玩，秋冬阳光好时，猫咪则在此酣睡。

饼妹特意买了二楼的房子，虽说是西晒房，但窗外就是树和水，风景独好。近几年她越来越喜欢过安静惬意的小日子，"大自然使我心情宁静"。

西晒也带来了漂亮的光线，以前在外地租房，饼妹的要求一直都有这样一条——"能晒到太阳"。现在搬到了采光好的房子，还有可以躺着晒太阳的大地台，幸福感大大提升。

没有电视墙的客餐厅，家具的摆放则更加灵活，这里是一家人吃饭、聊天、消遣的最佳空间。餐边柜里装满了喜欢的器物，用不同的器皿装盘的餐点，小朋友看到会兴奋，胃口也特别好。柜上日日都有的鲜花，是用心生活的印记。

家里的装饰都是丈夫四处搜罗来的小物件，每一样仿佛都是从这个家里"生长"出来的一样，即使挂腻了也不会舍弃，而是随着四季流转，不断地以新的搭配出现在各个角落。

以前他们住在装修好的二手房里，只做了简单的翻新和家具软装的更换。而现在的家，按照喜好装修，花了更多的心思。

搬家后，虽然日子照旧，但心情更愉悦了。以前一家人常想着去住哪家网红民宿，但自从因新冠肺炎疫情宅家后，饼妹觉得：在家才是最好的度假。

客厅

**扩大地台，享受四季，
原木家具舒适度极高。**

Living room

❶ 拓宽飘窗，做舒适地台

原位置是一个不能拆除的普通小飘窗，通过拓宽，变成了一个约 4 m 长、2 m 宽的大地台，地台上铺了白橡木地板，质感温润。地台另一侧则装了储物柜。

❷❸ 将沙发后的白墙作为投影墙

平时只有孩子在家才会看电视，因此省掉了电视机和专业投影幕布。沙发背景墙上方的轨道灯色温是 3000 K，可以单个拆卸下来换成吊灯。

❹ 用实木定制家具填满客厅

因为没有做电视墙，所以客厅家具摆
放得比较随意，随时可以变动。定制
的储物柜上的装饰品也可以随时更换。

❺❻ 心头好装饰常换常新

饼妹收集了很多木质装饰品，因为风
格统一，混搭起来很好看，而且每次
搭配都会有新感觉。

实木收纳柜：木纳家具

挂钟：chambre
置物架：多匣
挂画：网购

厨房和餐厅

纯白厨房清爽耐看，
还能一秒变成开放式。

Kitchen & Dining room

❶❷❸❹ 打造可开可合的餐厨空间

木框玻璃推拉门可以被完全推到墙后，使空间变成完全开放的餐厨空间。玻璃门的最下面一格采用磨砂玻璃，可以遮挡地上的蔬果或污渍。

❺ 在餐厅放置原木材质的桌椅

餐厅位于客厅和厨房之间，餐桌选择了原木材质，搭配几把不同款式的餐椅，让用餐空间更加活泼。餐桌的长度为 1.6 m，适合一家三口使用，也适合家庭间的小型聚餐。

❻ 用晾衣绳补充窗前收纳

水槽前的窗台上用免打孔的方式安装了一根隐形晾衣绳，绳子拉出后可以固定，物品挂上去后也不容易往下坠，不用时还能收进盒子里。

❼ 橱柜短边也能充分利用

放下冰箱后，这一面墙的面积就很有限了，但也装下了吊柜和几个抽屉，还给小烤箱留了一个专属位置。冰箱的另一侧藏着厨房的推拉门。

❽ 原木色地砖搭配清爽纯白的橱柜

厨房色彩搭配出了经典的日式感，家电也尽量选择了白色。

阳台

机智解决晾晒难题，维持阳台清爽干净。

Balcony

❶ 安装烘干机，解放阳台

墙体里嵌入的烘干机，可以承担大部分晾晒衣服的工作。

❷ 自制收纳杆悬挂清洁工具

榉木圆棍来自网上，两端的夹扣通过免钉胶固定在墙上。

❸❹ 隐形晾衣杆可装可拆

竖杆可以调节高度，也可以完全拆卸下来，横杆则是一个伸缩杆，收起来也不占空间。

隐形晾衣杆：TAKARA

书房

**做敞开式明亮大书房，
柜门后藏着储物间。**

Work area

❶16 m² 的书房拥有极佳的采光

书房和走廊通铺白橡木地板，两扇大
窗户带来极佳的采光。书房也是唯一
选用了百叶帘的房间，叶片之间透露
出雅致的光影。

❷❸ 柜子里藏着庞大的储物空间

原木柜门后是宽敞的收纳空间，其中
一扇通顶柜门打开后可以进到储物间。

❹ 定制书架物美价廉

饼妹自己买来板材，并请师傅打了孔，
安装成可调节层高的开放式书架，十
分牢固。

折叠门：立川

❶ 飘窗变成储物区

将飘窗的位置做成了柜子储物区，大
容量的储物空间也是能够维持房内整
洁的秘诀之一。

❷ 主卧床头空无一物

原木家具搭配大白墙，即便入住多年
也依然耐看，还能够根据喜好布置背
景墙。

❸❹ 为衣帽间选择了折叠门

折叠门的尺寸、款式可以定做，材质是
PVC 软门，比较耐脏，底部有空隙，会
进一点灰，日常用吸尘器稍做维护即可。

❺ 衣柜顶天立地

衣柜内设计成悬挂式，
拿取衣服十分方便。

❺

住宅信息

资料

面积：155 m²
户型：三居室
地区：温州
设计：Sue323
施工时间：2017 年
装修用时：10 个月
装修费用：50 万元

使用建材

材质

地板：白橡木三层实木地板
墙漆：白色乳胶漆
折叠门：PVC 门
橱柜板材：实木颗粒板
衣柜板材：三层实木板材

供应商品牌

墙漆：宣伟
筒灯：新特丽
折叠门：立川
实木收纳柜：木纳家具

扫码看更多细节

户型平面图

没有电视机，
也很自在的家

居住者：纸飞机机机（以下简称"纸飞机"）

" "

风格归根到底是某个群体的生活方式，
如果抓不到灵魂，
就只能流于表面形式。
因此我家不限于哪种风格，喜欢最重要。

" "

◎ 从阳台看向厨房的方向，全屋的
自流平地面反射出漂亮的光泽，也
让不大的空间有了连贯宽敞之感。

◎ 阳光透过香格里拉帘，温柔地照亮客厅。

工作室化的家，
用长桌将一家人连接在一起

60 m² 的小户型，如何满足一家人的需求？
纸飞机选择打掉所有的非承重墙，
用 3.7 m 长的大餐桌，把一家人聚在一起。

纸飞机想要一个自然且舒适的家，因此原木色的家具、棉麻材质的软装、白色墙面成了首选。

新家是个老房子，户型是很常见的小两居，中规中矩。对于纸飞机夫妻来说，空间倒是勉强够用，核心问题在于隔墙太多，好端端的房子被切割得很零碎，厨房、餐厅和玄关都很暗。

趁着二手房重装，纸飞机决定打掉所有非承重墙，重新规划格局。不仅消灭了所有采光差的角落，还把 3.7 m 的长桌作为客厅主角。纸飞机说："小时候最讨厌待在自己的'小黑屋'，每天写作业都要跑到客厅，一家人在客厅里热热闹闹的，非常开心。于是有了这个设置一张可以坐下全家人的大书桌的灵感，希望这份分享的快乐也能传递给下一代。"

这个大胆的想法并非为了凸显另类，更多的是考虑到一家人的生活习惯。夫妻俩平常很少看电视，以前的沙发也只用于堆衣服。她想得很清楚，越是小的房子，越要将空间留给最迫切的需求，而这需求由居住者说了算。

偶尔会有人问纸飞机，没有沙发，家里不就没有放松的地方了吗？她笑说，哪有人不爱舒适，只是舒适可以有其他的形式。纸飞机很爱看一档日本综艺节目《全能住宅改造王》，节目中日本房子里的檐廊总是让她念念不忘，可以坐在那里看屋外的风景，也可以躺在那里晒太阳。这才是她心目中的"放松"。

因此在新家里，纸飞机在客厅和阳台之间搭建了一个悬空地台，如此一来，这个现代高层住宅里也拥有了独栋民宅才配备的小檐廊。午间放上充气床垫，就能睡个舒服的午觉；天朗气清的时候，开窗便能欣赏万里无云，放上小茶桌喝喝茶，伴着和煦的阳光和清风，这简直是人间极致的享受。

客厅

舍弃电视机，也不要沙发，打造一家人的工作室。

Living room

❶ 靠阳台做半悬空地台

地台的灵感来自日式住宅的檐廊，地台长 3.4 m，宽 90 cm，高 38 cm，可坐可躺，还能接待客人。制作时，使用水泥板加钢筋混凝土浇筑基座和平台，再搭上白蜡木实木板，承重力完全不用担心。

❷ 超长书桌取代沙发与电视墙

因为家人没有看电视的习惯，所以干脆将靠墙 3.7 m 长的书桌作为日常活动区，这里坐三个人都没有问题。有了孩子的话，一家人也可以在这里工作、做手工、学习。

❸ 打开落地窗就能享受清风

阳台没有封，而是安装了断桥铝折叠门，坐在
地台上可以最大限度地接近自然。地台下方有
扫地机器人的充电位，还收纳着备用坐垫。

❹ 打开幕布和投影仪就可以看大片

地台对面安装了下拉式投影幕布，不用的时候
卷起来，存在感很低，搭配便携投影仪和支架，
就能实现观影功能。

❺ 休闲角体现中式留白美学

原本是电视墙的位置，如今只放了一把罗汉
椅、一个折纸凳和一幅花鸟画，垂落的吊灯即
使不开也是很好的装饰。

厨房

**厨房、餐厅互换位置，
小户型里也能做中岛。**

Kitchen

❶ 餐厅和厨房互换位置，采光大大改善

从客厅看向厨房，摆放餐桌的位置原本是封闭式厨房，而厨房的位置原本是餐厅。现在两边互换后，采光好了很多，厨房也变大不少。

❷ 白色台面增加温馨感

西厨和中厨的台面都为白色带花纹的石英石材质，并且特别选择了石英含量高的台面，可大大减少渗色的问题。

❸ 用中岛打造洄游动线

整个厨房最右侧是中厨区，布置有灶台、烤箱、洗碗机；中间是水槽和操作台构成的迷你中岛；左侧是冰箱和西厨区。整个动线十分合理顺手。

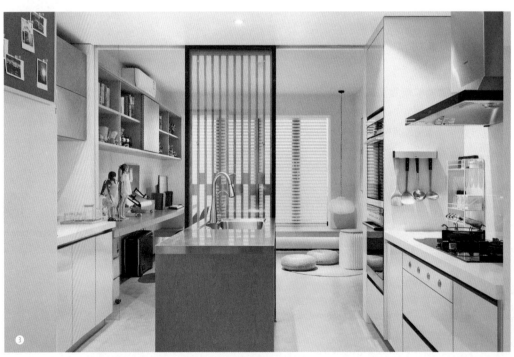

❹ 不锈钢台面和水槽无缝一体

台面选择了不锈钢和水槽一体，无卫生死角，也不必担心发霉。抽拉龙头和大单槽搭配，无论是洗锅还是洗水槽都非常便利。

❺ 将垃圾桶也收纳起来，防脏乱

岛台下方留了一个可以塞进垃圾桶的空位，可避免垃圾桶挡道的问题。垃圾桶高度齐腰，使用起来很顺手，垃圾桶足够多的隔层也能便于垃圾分类。

❻ 隐藏推拉门营造开放感

玻璃推拉门平常隐藏在冰箱旁，爆炒时拉出来就能阻挡油烟。厨房另一端的推拉门则隐藏在木格栅后。

❼ 用人造石取代传统的瓷砖

灶台区多油烟，因此墙面装饰选择了大片无缝的人造石，方便日后清理。

台面：百能
垃圾桶：RISU

卫生间

卫生间外藏着隐形收纳柜，
洄游动线布局，
沐浴、洗衣一气呵成。

Bathroom

❶❷ 将卫生间的门做成隐形门，后面还藏着大柜子

卫生间门的两侧做了隐形大柜子，既能收纳杂物，还可以避免湿气侵袭。纸飞机在柜子内部用架子进行分隔，方便调整结构。卫生间的门跟着柜子外移，看起来整齐统一。

❸ 打通卫生间和生活阳台

调整格局后，从卫生间淋浴区可以直通生活阳台，洗完澡后可以直接去阳台洗脏衣服。

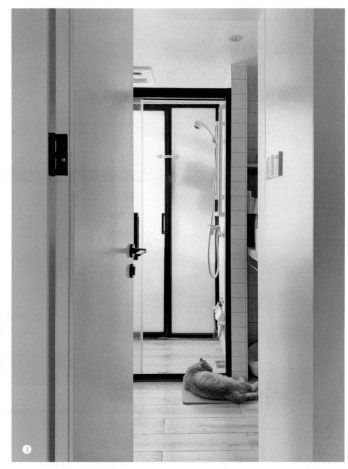

❹ 小白砖和壁挂式设计让空间在视觉上放大

墙砖选用了小白砖，既耐看，也适合不规则的墙面。木纹砖则耐脏又防滑。洗发露、沐浴露、折叠凳都采用壁挂式，进一步减轻了小空间的收纳压力。

❺ 在壁龛处加上搁板，充分利用犄角空间

加装搁板是利用墙面凹处的有效方法，能把杂物藏进去，让台面保持干净整洁。

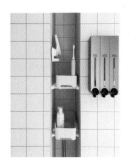

小贴士

浴室伸缩杆的妙用

1. 小号伸缩杆可以塞入墙体改造后留下的缝隙中，将鸡肋的角落变成置物空间。

2. 大号伸缩杆可以用作晾衣杆，将浴室变成临时晾晒处。

卧室和玄关

面积不大，采用极简设计，模块衣柜收纳功能强大。

Bedroom & Entryway

❶❷ 用艾格特组合架取代衣柜

房间墙面上钉上宜家艾格特的架子，再加装吊轨门，简单清爽，灵活多变。

❸ 没有门槛石和高低差，便于清扫

扫地机器人可以轻松地进入卧室打扫。床底也没有储物，清爽通风，不聚潮气。

❹ 把飘窗改造成储物区

在原来飘窗的位置打了木格子，上面加盖一层人造石，搭配储物盒能放下不少杂物。

❺ 靠垫取代床头，省空间和预算

主卧的床选用了无床头款式，价格上相对更便宜。另外再配两个靠垫，也有了软包床头的视觉效果。

❻ 别有新意的衣架

回家后，将外套随意搭在梯形衣架上，不
用担心衣物被拉坠变形。

住宅信息

资料

户型：两居室
面积：60 m²
地区：广州
设计：本地设计师
施工：广州友赞装饰
施工时间：2017 年
装修用时：12 个月
装修费用：30 万元

使用建材

材质

地面：水泥自流平、水性聚氨酯地坪漆
墙面：白色乳胶漆
厨房墙面：人造石
橱柜柜门：陶瓷
厨房台面：不锈钢
衣柜内部：壁挂金属架
衣柜柜门：爱格板
杂物柜：顺芯板

供应商品牌

衣柜：宜家艾格特
橱柜：普洛菲曼
厨房台面：百能
定制柜：兔宝宝

扫码看更多细节

改造前平面图

改造后平面图

致谢
Acknowledgements

感谢以下居住者和设计师提供案例素材

* 在一兜糖 App 里搜索用户名可访问其个人主页

案例

猪扑啦
我才是烟草
就是 6
猫熊
兰奕
楚门
李小祺
草三冉 CSR
因一
Fun 小郑大梦
抓胃
小大建筑设计事务所
白蛋 Sparta
荷西 -Tam
短波台
Yimo 的小泡馍
图图建筑设计工作室
XJWwww（友理）
大连不作设计
c 饼妹 c
纸飞机机机

专栏

9 个窗景也很美的家

二掌柜本人
KETE
田田田饼
村唐
三石雅客
鲸鱼 papa
阿 Jim 啊
一坨大云
sweet 安年

9 个打造小花园的家

宅蘑菇 Moku
小面老师
Molly 的阳台花园
春天 _nye
咪谜米蜜
SiSi 思子
邢邢 _Lily
大姚·籽彣 DAYAO
子帆 Neator

9 个必须给长辈准备的适老化设计

昆设计事务所（设计师）
成莜设计（设计师）
演拓设计殷崇渊（设计师）
张烨 LZA（设计师）
独立设计师王英俊
JORYA 玖雅（设计师）
一休｜无限设计（设计师）

9 个好玩好用的儿童房设计

Hidesign（设计师）
雪玉吖
夏天（设计师）
阿蜜拉
果冻和他的仙女妈妈
苏州晓安设计（设计师）
伊哒梦
tubo
凡夫设计（设计师）

开放式厨房的 9 种做法

兔牙萌
拾点家居
mandydy
薄荷设计（设计师）
安班长
良人一室空间设计
（设计师）
nemolilili
Pansy 张晓波
猫狗双全
小暖时光
萝卜树下

9 个也用圆桌的家

moniiiiiii
卯小丁
夏羊 xh
陈小浪 Alain
蓝谋乱
白白白白栗子
阿莫玲
又右
Summer_°

9 个充满智慧的柜内设计

今夏何夏
漫山设计（设计师）
末那识室内设计（设计师）
如壹设计工作室慈猛（设计师）
大包小包 Jimmy
LIN-AT
大海小燕（设计师）
看把钝刀忙的
龙仔仔儿